测绘地理信息"岗课赛证"融通系列教材

无人机航空摄影测量

吕翠华　万保峰　杜卫钢　胡浩　编著

WUHAN UNIVERSITY PRESS
武汉大学出版社

图书在版编目(CIP)数据

无人机航空摄影测量/吕翠华等编著.—武汉：武汉大学出版社,2022.8
(2024.12 重印)
测绘地理信息"岗课赛证"融通系列教材
ISBN 978-7-307-23202-0

Ⅰ.无…　Ⅱ.吕…　Ⅲ.无人驾驶飞机—航空摄影测量—高等职业教育—教材　Ⅳ.P231

中国版本图书馆 CIP 数据核字(2022)第 132793 号

责任编辑:杨晓露　　　责任校对:汪欣怡　　　版式设计:韩闻锦

出版发行:**武汉大学出版社**　　(430072　武昌　珞珈山)
　　　　　(电子邮箱: cbs22@ whu.edu.cn　网址: www.wdp.com.cn)
印刷:武汉科源印刷设计有限公司
开本:787×1092　1/16　印张:16.5　字数:378 千字　　插页:1
版次:2022 年 8 月第 1 版　　2024 年 12 月第 4 次印刷
ISBN 978-7-307-23202-0　　定价:46.00 元

测绘地理信息"岗课赛证"融通系列教材

编审委员会

《无人机航空摄影测量》编著委员会

前　言

　　本书为测绘地理信息"岗课赛证"融通系列教材中的一本，立足新型测绘地理信息技术技能人才培养需要，紧扣1+X(测绘地理信息数据获取与处理、测绘地理信息智能应用)职业技能等级证书标准，引入行业新装备、新技术、新规范以及生产案例，基于作业流程组织教学内容，使教学与生产紧密结合。

　　无人机航空摄影测量(简称无人机航测)技术凭借高分辨率、高时效性、作业区域受限制小、建模能力强等优势成为测绘学科与技术领域研究的热点。本书集中了近年来无人机航测领域的研发应用成果，在系统归纳无人机航测基础理论和方法的基础上，围绕无人机航测作业流程，重点对像控布设、无人机航飞、数据整理、三维建模、裸眼三维测图等相关技术及应用进行了阐述，并结合项目案例介绍无人机航测的主要行业应用方向，符合现阶段无人机航测技术发展，满足相关岗位技术技能人才培养需求，可作为高职高专院校测绘地理信息类专业教材和职业技能等级证书培训教材。

　　本书为产教合编教材，由昆明冶金高等专科学校吕翠华、万保峰，广州南方测绘科技股份有限公司杜卫钢、胡浩编著，双方单位均有多名资深教授、高级工程师参与编写工作。本书总体分工为：吕翠华负责教材统筹统稿，万保峰负责整理目录框架、编写无人机航测基础原理内容，杜卫钢、胡浩负责编写无人机产品、内业处理软件及相关航测流程、规范及行业应用等内容。

　　本书由马超主审。

　　感谢本书教材编审委员会的指导与参编工作，本书在编写过程中，还借鉴和参考了大量文献资料，在此对相关作者表示衷心的感谢。

　　由于编者水平、经验有限，书中难免存在不足之处，敬请广大读者批评指正。

编　者

2022 年 5 月

目　　录

第1章 无人机航空摄影测量概述

1.1 摄影测量学概论

摄影测量学一词的英文是 Photogrammetry，其含义是基于像片的量测。传统的摄影测量学是利用光学摄影机摄影的像片，研究和确定被摄物体的形状、大小、位置、性质和相互关系的一门科学和技术。它研究的内容涉及被摄物体的影像获取方法，影像信息的记录和存储方法，基于单张和多张像片的信息处理方法，信息的传输、产品的表达与应用等方面的理论、设备和技术。

航空摄影测量是摄影测量学的一个重要分支。航空摄影测量的主要任务是测制各种比例尺的地形图、建立地形数据库，并为各种地理信息系统和土地信息系统提供基础数据。

摄影测量的主要特点是在像片上进行量测和解译，无须接触被测物体本身，因而很少受自然和地理条件的限制，而且可获得摄影瞬间的动态物体影像。像片及其他各种类型影像均是客观物体或目标的真实反映，信息丰富、逼真，人们可以从中获得所研究物体的大量几何信息和物理信息。因此，摄影测量在理论、方法和仪器设备方面的发展都受到地形测量、地图制图、数字测图、测量数据库和地理信息系统的影响。

摄影测量的分类方法有多种，根据摄影机平台位置的不同可分为：航天摄影测量、航空摄影测量、地面摄影测量和水下摄影测量。按摄影机平台与被摄目标距离的远近可分为：航天摄影测量、航空摄影测量、地面摄影测量、近景摄影测量和显微摄影测量。按用途可分为：地形摄影测量和非地形摄影测量，地形摄影测量的目的是测制各种比例尺的地形图，这也是摄影测量的主要任务之一；而非地形摄影测量的应用面非常广，服务的领域和研究对象千差万别，如工业、建筑、考古、军事、生物、医学等。

从摄影测量学的发展来看，可划分为三个阶段：模拟摄影测量、解析摄影测量和数字摄影测量。

模拟摄影测量是在室内利用光学的或机械的方法模拟摄影过程，恢复摄影时像片的空间方位、姿态和相互关系，建立实地的缩小模型，即摄影过程的几何反转，再在该模型的表面进行测量。该方法主要依赖于摄影测量内业测量设备，研究的重点放在仪器的研制上。由于摄影测量内业测量设备十分昂贵，一般的测量单位无法开展摄影测量生产任务。该方法一直沿用到20世纪70年代。

随着计算机的问世，摄影测量工作者开始研究利用计算机这种快速计算工具来完成摄影测量中复杂的计算问题，这便出现了始于20世纪50年代末的解析空中三角测量、解析测图仪和数控正射投影仪。由于当时受计算机发展水平的限制，直到 20 世纪 70 年代中期，解析测图仪才进入商用阶段，其价格与一级精度的模拟测图仪相近，在全世界得到广泛的推广和应用，但解析测图仪价格仍然很昂贵。

解析空中三角测量是用摄影测量方法在大面积范围内测定点位的一种精确方法。通常采用的平差模型有航带法、独立模型法及光束法。在解析空中三角测量的长期研究中，人们解决了像片系统误差的补偿及观测误差的自动检测，从而保证了成果的高精度与可靠性。

由于解析摄影测量的发展，非地形摄影测量不再受模拟测图仪器的限制而有了新的活力，特别是近景摄影测量，可采用普通的 CCD 数码相机对被测目标以任意方式进行摄影，研究和监测被测物体的外形和几何位置等，应用领域极其广泛。

解析摄影测量的进一步发展是数字摄影测量。数字摄影测量就是利用所采集的数字/数字化影像，在计算机上进行各种数值、图形和影像处理，研究目标的几何和物理特性，从而获得各种形式的数字产品和可视化产品。这里的数字产品包括数字地图、数字高程模型、数字正射影像、测量数据库等。可视化产品包括地形图、专题图、纵横断面图、透视图、正射影像图、电子地图、动画地图等。表 1-1 列出了摄影测量发展的三个阶段的特点。

表 1-1 摄影测量发展阶段

发展阶段	原始资料	投影方式	仪器	操作方式	产品
模拟摄影测量	像片	物理投影	模拟测图仪	作业员手工	模拟产品
解析摄影测量	像片	数字投影	解析测图仪	机助作业员操作	模拟产品 数字产品
数字摄影测量	像片 数字化影像 数字影像	数字投影	数字摄影测量系统	自动化操作 +作业员的干预	数字产品 模拟产品

随着摄影测量学理论、无人机与数码相机技术的发展，基于无人机平台的数字航摄技术已显示出其独特的优势，无人机与航空摄影测量相结合使得"无人机航测"成为航空遥感领域的一个崭新发展方向，无人机航测可广泛应用于国家重大工程建设、灾害应急与处理、国土监察、资源开发、新农村和小城镇建设等方面，尤其在基础测绘、土地资源调查监测、土地利用动态监测、数字城市建设和应急救灾测绘数据获取等方面具有广阔的应用前景。

1.2 无人机的定义及分类

1907 年，一位名叫 Julius Neubronner 的德国药剂师为新发明申请了专利：鸽子照相机(如图 1-1 所示)——即用一个装有定时器的小型照相机固定在鸽子身上,让它在飞行的过程中拍摄照片。他带着"鸽子照相机"参加了各大国际博览会,并且现场出售由拍摄的照片制成的明信片。在那个时代,这些发明是一个突破,把情报监视工作的速度和视角都提升到前所未有的高度(当然,镜头是否能够捕捉到目标就得另说了,毕竟这取决于运气和鸽子的心情)。这项技术在战时起到很大的作用——"鸽子照相机"可以说是无人机的先驱。

图 1-1　鸽子照相机

无人机的全称是无人驾驶飞行器,英文 Unmanned Aerial Vehicle,缩写为 UAV,是利用无线电遥控或自备程序控制装置操纵的不载人飞机。

随着地理信息科学与相关产业的发展,各国对遥感数据的需求急剧增长,低成本的 UAV 作为航空摄影和对地观测的遥感平台得到了快速发展。

无人机的分类,依据不同的标准而结果各异。

1.2.1　按传统方式分类

1. 按无人机执行的任务分类

按无人机执行的任务可分为民用和军用两大类。

民用无人机可分为遥感测绘无人机、资源遥感无人机、环境污染监测无人机、灾情调查无人机、气象探测无人机、治安巡逻无人机和通信中继无人机。

2. 按任务半径或续航时间分类

航程是无人机的重要性能指标,一般而言,任务半径指顺利完成指定任务的最大距离，按任务半径或续航时间分类，可分为近程、短程、中程和远程无人机四种。

近程无人机，任务半径一般在 30km 以内，续航时间 2～3h。

短程无人机，任务半径一般在 30～150km，续航时间 3～12h。

中程无人机，任务半径一般在 150～650km，续航时间 12～24h。

远程无人机，任务半径一般在 650km 以上，续航时间 24h 以上，因此也称为长航时无人机。

3. 按飞行高度分类

无人机按飞行高度可分为低空无人机(飞行高度 6000m 以下)、中空无人机(飞行高度 6000～15000m)和高空无人机(飞行高度 15000m 以上)三种。

4. 按无人机大小或重量分类

无人机按尺寸大小或重量可分为大型、中型、小型和微型无人机。起飞重量 500kg 以上为大型无人机；200～500kg 为中型无人机；小于 200kg，翼展为 3～5m 的为小型无人机。英国《飞行国际》杂志将翼展小于 0.5m 的无人机统称为微型无人机。

5. 按飞行速度分类

无人机按飞行速度可分为亚音速无人机、超音速无人机和高超音速无人机。

6. 按飞行方式分类

无人机按飞行方式可分为固定翼无人机、旋翼无人机、扑翼无人机和飞艇等。其中旋翼无人机是指能够垂直起降，以一个或多个螺旋桨作为动力装置的无人飞行器；扑翼无人机是模仿昆虫和鸟类通过扑动机翼产生升力进行飞行的无人飞行器；飞艇是依靠密度小于空气的气体的静升力而升空的无人飞行器。

目前，国内用于无人机航测的无人机机型以垂直起降的旋翼无人机和固定翼无人机为主(如图 1-2 所示)，旋翼无人机以电池作为主要动力，轴距一般不超过 1.5m，重量一般不超过 20kg。固定翼无人机则电池动力、燃油动力均有涉及，翼展一般不超过 4m，重量一般不超过 50kg。旋翼无人机主要用于倾斜摄影测量和中小面积正射测量，固定翼无人机飞行速度较快，主要用于大面积正射测量。

（a）旋翼无人机　　　　　　　　　　　　　（b）固定翼无人机

图 1-2　垂直起降的旋翼无人机和固定翼无人机

1.2.2　按国家条例分类

按 2018 年发布的《无人驾驶航空器飞行管理暂行条例(征求意见稿)》分类，无人机分为国家无人机和民用无人机。国家无人机，指用于民用航空活动之外的无人机，包括用于执行军事、海关、警察等飞行任务的无人机；民用无人机，指用于民用航空活动的无人机。根据运行风险大小，民用无人机分为微型、轻型、小型、中型、大型无人机。

1. 微型无人机

微型无人机是指空机重量小于0.25kg，设计性能同时满足飞行真高不超过50m、最大飞行速度不超过40km/h、无线电发射设备符合微功率短距离无线电发射设备技术要求的遥控驾驶航空器。

2. 轻型无人机

轻型无人机是指同时满足空机重量不超过4kg，最大起飞重量不超过7kg，最大飞行速度不超过100km/h，具备符合空域管理要求的空域保持能力和可靠被监视能力的遥控驾驶航空器，但不包括微型无人机。

3. 小型无人机

小型无人机是指空机重量不超过15kg或者最大起飞重量不超过25kg的无人机，但不包括微型、轻型无人机。

4. 中型无人机

中型无人机是指最大起飞重量超过25kg但不超过150kg，且空机重量超过15kg的无人机。

5. 大型无人机

大型无人机是指最大起飞重量超过150kg的无人机。

另外，植保无人机是具有特殊政策的一类无人机，是指设计性能同时满足飞行真高不超过30m、最大飞行速度不超过50km/h、最大飞行半径不超过2000m，具备可靠被监视能力和空域保持能力，专门用于农林牧植保作业的遥控航空器。《无人驾驶航空器飞行管理暂行条例(征求意见稿)》对符合条件的植保无人机给予了特殊政策，包括配置特许空域、免予计划申请等。主要考虑：一是植保无人机出厂时即被限定了超低的飞行高度、有限的飞行距离、较慢的飞行速度，以及可靠的被监视和空域保持能力；二是植保无人机作业飞行，绝大多数飞行高度不超过真高30m，且作业区域均位于农田、牧场等人口稀少地带；三是植保无人机作业可提高农林牧生产效率，正日益成为改善农村生产方式的有效手段。

1.3 无人机航空摄影测量

无人机航空摄影测量(UAV Aerial Survey)简称无人机航测，是利用先进的无人驾驶飞行器技术、遥感传感器技术、遥测遥控技术、通信技术、GNSS定位技术和POS定位定姿技术实现获取目标区域综合信息的一种新兴解决方案。无人机航测具有自动化、智能化、专业化快速获取空间信息的特点，可实现对目标进行实时获取、建模、分析等处理。该技术有其他遥感技术不可替代的优点，它能克服传统航空遥感受制于长航时、大机动、恶劣气象条件、危险环境等的影响，又能弥补卫星因天气和时间无法获取感兴趣区信息的空缺，可提供多角度、大范围、宽视野的高分辨率影像信息。

无人机航测是无人机遥感的重要组成部分，一般是指通过无人机搭载数码相机获取目标区域的影像数据，同时在目标区域通过传统方式或 GNSS 测量方式测量少量控制点，然后应用数字摄影测量系统对获得的数据进行全面处理，从而获得目标区域三维地理信息模型的一种技术。无人机航测在基础地理信息测绘、地理国情监测、地理信息应急监测方面起到了无可替代的作用。因此，近年来国家测绘地理信息行业主管单位多次举办无人机航摄系统推广会，在全国范围内大力推广应用国产低空无人飞行器航测遥感系统，同时率先在各省级测绘单位配备使用（如图 1-3 所示）。在现代测绘中，无人机航测颠覆了传统测绘的作业方式，通过无人机摄影获取高清晰立体影像数据，自动生成三维地理信息模型，快速实现地理信息的获取，具有效率高、成本低、数据精确、操作灵活等特点，可满足测绘行业的不同需求，正逐渐成为测绘部门的新宠儿，今后或将成为航空遥感数据获取的"标配"。

图 1-3　航测型固定翼展示图

2010 年，国家测绘局面向全国测绘局系统配发无人机航测系统，将无人机航测逐渐推向一线测绘工作。

现在许多国家正在建立民用无人机产业，并推动其得以广泛应用，中国无人机产业也取得了很大进展，技术水平居于世界前列，产品已经开始出口到国外高端市场。相关专家指出，随着无人机装备的发展和服务队伍的建设。我国已能够利用无人机为国民经济建设服务。无人机发展已经进入社会应用的新时期。

基础测绘在国民经济和社会发展中起着基础性、先行性、公益性的作用。航空摄影测量方式是基础测绘获取数据的最有效的途径之一，但局限于数据处理工作复杂、分辨率低，时效性和灵活性也远不能满足实际需求。无人机航测系统作为传统航空摄影测量技术的有益补充，日益成为获取空间数据的重要手段，其具有机动灵活、高效快速、作业成本低的特点，已在困难地区大比例尺地形图测绘、应急救灾和土地执法监察等领域开展应用。为适应城镇发展的总体需求，提供综合地理、资源信息，各地区、各部门在综合规划、田野考古、国土整治监控、农田水利建设、基础设施建设、厂矿建设、居民小区建设、环保和生态建设等方面，无不需要最新、最完整的地形地物资料，这已成为各级政府部门和新建开发区亟待解决的问题。无人机测绘技术也可以广泛应用于国家生态环境保护、矿产资源勘探、海洋环境监测、土地利用调查、水资源开发、农作物长势监测与估产、农业作业、自然灾害监测与评估、城市规划与市政管理、森林病虫害防护与监测、公共安全、国防事业、数字地球以及广告摄影等领域，在这些领域有着广阔的市场需求。

1.3.1 无人机航测的优势

1. 安全性和可靠性

无人机的不载人飞行模式在保障操作人员安全方面具有先天优势，且相较于有人机，无人机的结构一般更简单，机械、电气系统可靠性更高，重量更轻。现有无人机航测一般采用规划航线后自动飞行模式，人工操作导致的安全隐患更少。

2. 成本较低，数据处理费用少

无人机的控制系统相对于普通的有人航拍飞机较为简单，无人机的造价要远低于有人航拍飞机，起降也没有固定场地的需求，利用无人机航空摄影技术进行数据处理时，总的费用较低，性价比较高。此外，无人机驾驶员只需在地面通过控制系统进行操作，因此无人机驾驶员上岗执照的获取较为简单。无人机通常采用的材料都是轻质量的碳纤维复合材料，其后期的维修、保养也较为简单便捷。

3. 机动灵活性

无人机相对于普通的航拍飞机而言，其体型更加娇小，升空时间更短，不需要专门的升降起跑场地就可以快速升空作业。通常情况下，在进行测量前先制定无人机飞行路线，使无人机能够根据设定好的路线自动飞行。因其稳定性较好，不仅能够进行高强度的航拍工作，还能够提高航拍的准确性与精准度。在无人机飞行用油的情况下，由于无人机并不需要载人，在耗油量相同时，无人机与普通的航拍飞机相比能够飞得更远、续航时间更长。

4. 高分辨率、多角度的影像

无人机搭载的数码成像设备都是一些新型、高精度的设备，能够从多个方向进行摄影成像，例如从垂直角度、倾斜角度和水平角度。无人机在进行拍摄时，拍摄的角度可以多变，还可以进行多角度的交错拍摄，全方位地获取测量地点的数据，可以解决建筑物的遮挡问题，从而使得测量的精度更高，而传统的单一角度拍摄很难做到这一点。

1.3.2 无人机航测注意事项

1. 定期检查相关设备

在使用无人机航测技术进行测绘前，要想提高其测绘质量，工作人员还需定期检查和调适其相关设备：①应确保相关设备符合相关的质量标准，且都是经过检定合格的设备，并根据工程测绘的实际需要适当调整设备的使用。②要对其通信设备、地面电台、电源系统、记录系统等相关设备进行定期检查，例如连接航摄平台进行通电检查等，从而确保这些设备和系统具备良好的运行状态。③在进行遥感测绘工作时，还应检查像片

的重叠度、航线弯曲度、倾角、旋角以及影像的质量。例如在检查影像质量时，可目测其清晰度、色彩等效果。

2. 严格控制飞行和摄影质量

为提高无人机拍摄工作的效率与水平，在实际使用中，相关操作人员还应严格控制无人机飞行和摄影的质量：①需要严格按照规定的时间进场，并明确相关的起飞和降落方式、起飞重量等，还应控制好飞行速度，进而获取更加高清的测绘影像。②应设计和控制好无人机飞行的高度，掌握好拍摄区域实际航高与设计航高之间的高度差，并将其控制在合理范围内。还应控制好无人机的飞行状态，避免出现 GPS 定位系统信号被干扰等现象而影响拍摄的准确性。同时，在无人机飞行过程中还应控制好其上升和下降的飞行速率。除此之外，工作人员还应规划并制定出完善的安全保护方案，从而保证无人机在飞行过程中的安全。在进行拍摄时，应确保没有航摄遗漏的现象发生，若有遗漏则需要进行补摄。

3. 优化像控点测量流程

为提高无人机航测技术拍摄像控点布设工作的有效性，需要不断优化像控点测量的流程：①应根据工程需要明确具体的拍摄区域和范围，并检验拍摄区域自由网的效果，快速生成自由网快拼图等。②应根据测量区域的地形、地势等特点设计并制作出像控点测量布设方案，并确保像控点像片的质量。在进行数据采集和处理时，相关工作人员需要注意不能将原始观测记录进行删除或修改，也不能在无人机数据处理等系统中设定任何能够对数据进行重新加工组合的操作指令，进而保存真实的原始工程测绘数据，以便日后能够进行科学的调整等。

1.3.3　无人机航测具体用途

无人机测绘系统主要由数据获取和地面数据处理两部分组成。数据获取部分的功能是通过无人机对目标进行影像数据获取。数据获取系统由无人机、摄影机(摄像机)、无人机飞控系统组成，通常将这一部分称为航空摄影系统。地面数据处理部分的功能是对获得的数据进行专业处理，包括空中三角测量、DEM 生产作业、DOM 生产作业、DLG 生产作业等，最终形成目标区域的三维模型信息，这一部分也被称为摄影测量系统(软件)。

无人机操作系统是通过无线电遥控控制器或机载计算机远程控制系统对不载人飞行器进行控制。无人机航拍摄影就是以无人机操作系统为平台媒介，以高分辨率的数字遥感设备作为信息的获取载体，通过低空高分辨率的摄像机进行遥感数据的获取。当前，数字化时代建设进程速度明显加快，建立定期更新的地理信息数据库，对地形地貌的动态监测变化情况进行实时关注，都离不开无人机航拍系统的运用。目前，我国对于无人机航拍系统硬件技术的掌握日趋成熟，相关的软件信息技术也逐渐完善，无人机航拍测图的最大精度已能达到 1∶500 比例尺要求。

航空摄影测量主要通过飞机、飞艇、无人机等在空中对地面进行摄影，可实现大范围的地表信息获取，非常适用于地形测绘。航空摄影测量成图快、效率高、成品形式多样，可生产数字地表模型(Digital Surface Model，DSM)、数字高程模型(Digital Elevation

Model，DEM)、数字正射影像(Digital Orthophoto Map，DOM)、数字线划图(Digital Line Graphic，DLG)和数字栅格地图(Digital Raster Graphic，DRG)等地图产品，其中 DEM、DOM、DLG、DRG 被合称为摄影测量 4D 产品，而生产航测产品的过程主要是在室内完成的，因此人们将对获取的影像在室内进行摄影测量处理，生产出 4D 产品、三维模型等产品的过程称为内业生产。图 1-4 所示即为部分成果展示图。

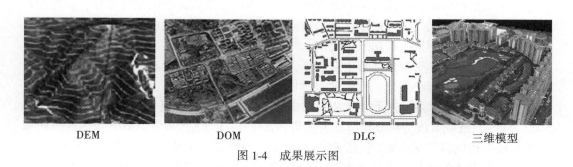

| DEM | DOM | DLG | 三维模型 |

图 1-4　成果展示图

随着倾斜摄影测量技术的进步，实景三维模型也因其具有信息丰富、效果直观、展示效果真实等优点，能最大程度发挥调查成果的综合效益，常被用于展示地表要素状况等，逐渐成为三维自然资源数据底板的核心数据之一。

无人机测绘系统在航测中的具体用途包括：

1)影像资料等获取

搭配在无人机上的数码相机等传感器可以从空中视角快速采集地表照片或视频资料，这些数据可作为后期拼接、处理的素材。同时机载定位传感器也可以提供较高精度地理空间坐标数据，与影像资料一道作为航测内业数据处理的原始数据。

2)突发事件处理

在突发事件中，如果用常规的方法进行地形图测绘与制作，往往达不到理想效果，且周期较长，无法实时进行监控。如 2008 年汶川地震救灾中，由于震灾区是在山区，且自然环境较为恶劣，天气比较多变，多以阴雨为主，利用卫星遥感系统或载人航空遥感系统，无法及时获取灾区的实时地面影像，不便于进行及时救灾。而无人机的航空遥感系统则可以避免以上情况，能迅速进入灾区，对震后的灾情调查、地质滑坡及泥石流灾害等实施动态监测，并对道路损害及房屋坍塌情况进行有效的评估，为后续的灾区重建工作等方面提供了更有力的帮助。

3)特殊目标获取

无人机在特殊目标获取方面的应用主要是专题测绘目标的获取等，利用无人机航测对该特殊目标进行获取，所获得的影像精度高，并且特殊目标位置准确，对大比例尺图幅的快速制作有很大的帮助，大大节省了人力、物力。

1.4　行业背景及发展

无人机航测是传统航空摄影测量手段的有力补充，具有机动灵活、高效快速、精细

9

准确、作业成本低、适用范围广、生产周期短等特点，在中小区域和飞行困难地区高分辨率影像快速获取方面具有明显优势。

2008 年 5 月 12 日，四川汶川里氏 8.0 级大地震发生后，灾区通信中断，地面交通极其困难，灾情分布状况、灾情程度等宏观信息极度缺乏。中国科学院遥感应用研究所等单位派出遥感无人机组赶赴四川北川地区，完成了北川县城、唐家山、刘和镇、枫顺乡等地区的航摄任务，航摄成果经处理后及时上报国家地震局和国家测绘局，为抗震救灾决策提供重要依据。无人机被认为是这次抗震救灾工作中表现最为突出的测绘力量之一，自此无人机航测进入高速发展时期。

近年来，从飞行平台角度看，航测型无人机有几个特点：垂直起降、搭载高精度姿态和位置传感器、轻小型化、续航时间增长。

从挂载类型角度看，航测型无人机已由传统一般分辨率单镜头正射相机(2400 万~3600 万像素)挂载升级为高分辨率正射相机(4200 万~1.5 亿像素)，或升级为高分辨率倾斜五镜头相机(1.2 亿~3.1 亿像素)。多光谱、高光谱、激光雷达等挂载也逐渐完善。

从作业方式角度看，倾斜航测技术逐渐普及，传统正射航测逐渐转为大面积作业服务。

从软件发展角度看，基于高精度 POS 的辅助空三平差算法及计算机视觉三维重建算法逐渐成为数据处理的主流算法，基于数字正射影像(DOM)和数字表面模型(DSM)叠加或实景三维模型的裸眼三维采集测图软件也已普及。

从成果类型及应用角度看，实景三维模型的生产及平台化应用已成为主流。

随着无人机与数码相机技术的进一步发展，基于无人机平台的数字航摄技术已显示出其独特的优势，无人机与航空摄影测量相结合使得"无人机数字低空遥感"成为航空遥感领域的一个崭新发展方向。无人机航拍可广泛应用于国家重大工程建设、灾害应急与处理、国土监察、资源开发、新农村和小城镇建设等方面，尤其在新型基础测绘、自然资源调查监测、土地利用动态监测、数字城市建设和应急救灾测绘数据获取等方面具有广阔应用前景。

习题及思考题

1. 简述摄影测量学的定义及发展阶段。

2.《无人驾驶航空器飞行管理暂行条例(征求意见稿)》规定的民用无人机类型有哪些？起飞重量不超过 7kg 的无人机属于哪一类？

3. 简述无人机航测的定义及优势。

4. 常见的航测成果有哪些？

5. 近年来，无人机航测的发展趋势有哪些？

6. 无人机航测的应用领域有哪些？

第2章　无人机航空摄影测量基础知识

2.1　无人机航测相关法律法规

2.1.1　无人机空域管理相关规定

无人机航飞首要遵循的原则为安全，在符合国家无人机空域管理、测绘成果保密等相关规定的前提下才能开展航测作业活动。符合免申请空域条件的轻型无人机在适航空域飞行无须申请，其他无人机类型或区域务必在飞行前查询当地法规，在合法安全的情况下执行飞行任务。

无人机航测空域主要涉及禁飞区和限飞区(如图2-1所示)，禁飞区即禁止无人机飞行的区域，无人机不得在该区域内起飞，也不得由其他区域飞入禁飞区。限飞区则对无人机的飞行高度、速度有一定的限制，在该区域内飞行的无人机必须遵守相应的限制规定。

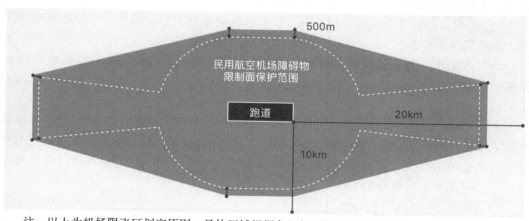

注：以上为机场限飞区划定原则，具体区域根据各机场不同环境有所区别。

禁飞区　　将民用航空局定义的机场保护范围坐标向外拓展500m，连接其中8个坐标形成八边形禁飞区。

限飞区　　跑道两端终点向外延伸20km，跑道两侧各延伸10km，形成约20km宽、40km长的长方形限飞区，飞行高度限制在120m以下。

图2-1　无人机禁飞区和限飞区示意图

　　一般情况下，禁飞区包含但不限于：机场、政府机构上空、军事单位上空(如军分区或武装部等)、带有战略地位设施上空(如大型水库或水电站等)、政府执法现场(如游行示威或上访等大型群体事件等)、政府组织的大型群众性活动(如运动会或联欢晚会等)、监管场所上空(如监狱或看守所等)、人流密集区域(如火车站或汽车站广场等)、危险物品工厂及仓库等(如化工厂或炼油厂)。无人机能够顺利起飞的地方也不代表绝对安全，同样可能处于禁飞区，飞行前请务必查阅相关法律、法规及信息或咨询当地飞行管制部门，确保飞行区域不属于禁飞区。

　　无人机空域运行风险成因基本可概括为 5 类：

　　(1)非法飞行。即未经审批而进行的飞行，俗称"黑飞"。2015 年以来，国内发生的多起无人机致使航班返航备降事件均是由非法飞行造成的。

　　(2)"感知与避让"能力不足。无人机的感知与避让能力主要来自目视以及感知与避让系统。感知与避让系统是指无人机安装的一种确保无人机与其他航空器保持一定安全间隔的设备，类似于载人航空器的防相撞系统。在融合空域中运行的无人机必须装备此系统。

　　(3)系统与可靠性隐患。系统风险主要集中于系统中毒、黑客劫持、控制系统故障等。可靠性风险暴露的主要问题是过分追求降成本、降重量、增加功能、提高性能所带来的可靠性安全隐患。

　　(4)人为因素。无人机的运行中，负责安全的人员主要有无人机系统驾驶员和无人机观察员。无人机驾驶员是指由无人机运营人指派的对无人机运行负有必不可少职责并在飞行期间适时操作飞机控件的人。无人机观察员是指由运营人指定的通过目视观察无人机，协助无人机驾驶员安全实施飞行的人员。

　　(5)指令与控制数据链路干扰隐患。数据链路对电磁波非常敏感，一旦受到电磁干扰，很容易失去控制。

　　为规范操作，加强无人机空域行业监管，我国制定了一系列针对无人机管理的措施：

　　1)实名登记

　　中国民航局 2017 年 5 月宣布了一系列加强无人机管理的举措：2017 年 6 月 1 日起民用无人机实行实名登记注册；已建立无人机登记数据共享和查询制度，实现与无人机运行云平台的实时交联；发布民用机场保护范围数据；规范无人机开展商业运营的市场秩序；开展无人机专项整治工作。

　　2)管理规定

　　《民用无人驾驶航空器实名制登记管理规定》显示，进行实名登记的无人机为 250g 以上(包括 250g)的民用无人机，实名登记工作于 6 月 1 日正式开始，登记信息包括拥有者的姓名(单位名称和法人姓名)、有效证件、移动电话、电子邮箱、产品型号、产品序号和使用目的等。2017 年 8 月 31 日后，民用无人机拥有者，如果未按照本管理规定实施实名登记和粘贴登记标志的，其行为将被视为违反法规的非法行为，其无人机的使用将受影响，监管主管部门将按照相关规定进行处罚。

　　对于无人机制造商，需要在"无人机实名登记系统"中填报其产品的名称、型号、最大起飞重量、空机重量、产品类型和无人机购买者姓名/移动电话等信息。在产品外包装明显位置和产品说明书中，提醒拥有者在"无人机实名登记系统"中进行实名登记，警示不实名登记擅自飞行的危害。

在"无人机实名登记系统"中完成信息填报后，系统自动给出包含登记号和二维码的登记标志图片，并发送到登记时留的邮箱。民用无人机拥有者在收到系统给出的包含登记号和二维码的登记标志图片后，将其打印为至少 2cm×2cm 的不干胶粘贴牌，粘于无人机不易损伤的地方，且始终清晰可辨，亦便于查看。

3）许可对象

民航局正在制定使用无人机开展通用航空经营活动的准入管理规定，针对发展特点和需求，拟将农林喷洒、空中拍照、航空摄影和执照培训四类主要经营项目列为许可对象，同时配套开发无人机准入和经营活动监管平台。

4）违规处罚

《通用航空飞行管制条例》规定，从事通用航空飞行活动的单位、个人违反本条例规定，有下列情形之一的，由有关部门按照职责分工责令改正，给予警告；情节严重的，处 2 万元以上 10 万元以下罚款，并可给予责令停飞 1 个月至 3 个月，暂扣直至吊销经营许可证、飞行执照的处罚；造成重大事故或者严重后果的，依照刑法关于重大飞行事故罪或者其他罪的规定，依法追究刑事责任，包括未经批准擅自飞行的，未按批准的飞行计划飞行的，不及时报告或者漏报飞行动态的，未经批准飞入空中限制区、空中危险区的。

2018 年，为了规范无人驾驶航空器飞行及相关活动，维护国家安全、公共安全、飞行安全，促进行业健康可持续发展，国家空中交通管制委员会办公室组织起草了《无人驾驶航空器飞行管理暂行条例（征求意见稿）》，由中国民用航空局发布。同年，民航局陆续开通深圳、海南两个试点区域的无人驾驶航空器空管信息服务系统（UTMISS），具体可参考《海南省民用无人机管理办法（暂行）》，实际作业时请以当地实际政策为准。

2.1.2 测绘成果保密相关规定

无人机航测因灵活、机动性强、获取效率高、成果精度高等优势，能快速获取大面积、高精度的航测成果，根据《中华人民共和国保守国家秘密法》和《中华人民共和国测绘法》有关规定，从业人员应树立保密意识，筑牢保密防线。

《中华人民共和国测绘法》及相关法律、法规规定，保密测绘成果是指有密级的基础测绘成果和专业测绘成果，包括各种保密测量数据、图件、航片等。保密测绘成果应按照国家保密法规进行严格管理。

对保密测绘成果的领取、保存、复制、转让、销毁、公开均需严格按照国家规定操作，并接受主管部门的监督检查工作。涉密测量人员需认真学习《中华人民共和国保守国家秘密法》，使每个人都知道保密工作的重要性和泄密的严重性。对属于保密测绘成果的数据和图形资料，采取必要的保密措施，并由专人保管。具体请参考 2020 年 6 月 18 日，自然资源部及国家保密局印发的《测绘地理信息管理工作国家秘密范围的规定》

的通知。

2.2　航空摄影的基本要素

2.2.1　比例尺与航高

1. 比例尺

地面目标从不同高度，用不同摄影机拍摄的航摄像片，其大小是不同的，称为比例尺不同。按照数学上的定义，在航摄像片上某一线段影像的长度与地面上相应线段的距离之比，就是航摄像片上该像片的构像比例尺。

由于像片倾斜和地形起伏影响，在中心投影的航摄像片上，在不同的点位上产生不同的像点位移，因此各部分的比例尺是不相同的。只有当像片水平且地面也水平时，像片上各部分的比例尺才一致，但这仅仅是理想状态下的特殊情况。现根据不同情形来分析和了解一下像片比例尺变化的一般规律。

1）像片水平且地面为水平面的像片构像比例尺

设地面 E 是水平地面，且摄影时像片保持严格水平，从摄影中心 S 到地面的航高为 H，摄影机的主距为 f。水平地面上的任意线段 AB，在像片 P 上的中心投影构像为线段 ab，如图 2-2 所示。于是按照像片比例尺 $1/m$ 的定义，有

$$\frac{1}{m} = \frac{ab}{AB} \tag{2-1}$$

由相似三角形得

$$\frac{ab}{AB} = \frac{aS}{AS} = \frac{bS}{BS} = \frac{f}{H} \tag{2-2}$$

因此有

$$\frac{1}{m} = \frac{f}{H} \tag{2-3}$$

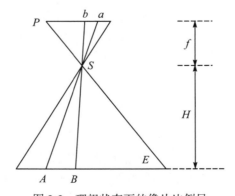

图 2-2　理想状态下的像片比例尺

所以当像片水平且地面为水平面的情况下，像片比例尺是一个常数，这个常数就是摄影机主距与航高之比。

2）像片水平而地面有起伏的像片构像比例尺

仍然假设摄影时像片保持水平，地面点 A、B、C、D 在像片上的构像分别为 a、b、c、d，如图 2-3 所示。

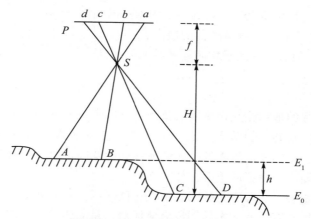

图 2-3 地面有起伏的像片比例尺

其中 A、B 两点位于同一水平面 E_1 上，C、D 两点位于起始水平面 E_0 上，摄影中心 S 相对于起始水平面 E_0 的航高为 H，E_1 相对于 E_0 的高差为 h，则 E_0 上任意线段的构像比例尺为

$$\frac{1}{m_1} = \frac{cd}{CD} = \frac{f}{H} \tag{2-4}$$

而 E_1 面上任意线段的构像比例尺为

$$\frac{1}{m_2} = \frac{ab}{AB} = \frac{f}{H-h} \tag{2-5}$$

可见，地形有起伏时，水平像片上不同部分的构像比例尺，依线段所在平面的相对航高而改变。若知道起始平面的航高 H 及线段所在平面相对于起始平面的高差 h，则航摄像片上该线段构像比例尺为

$$\frac{1}{m} = \frac{f}{H-h} \tag{2-6}$$

式中，h 可能为正，也可能为负，起始平面一般取摄区的平均高程平面。

3）像片倾斜而地面为水平面的构像比例尺

在此，直接给出像片倾斜而地面水平时的像水平线的构像比例尺关系式，即

$$\frac{1}{m_h} = \frac{x}{X} = \frac{f}{H}\left(\cos\alpha - \frac{y}{f}\sin\alpha\right) \tag{2-7}$$

式中，x、y 为像点在像平面坐标系中的坐标；X、Y 为相应地面点在地面坐标系中的坐标；f 为摄像机主距；α 为像片倾角；H 为航高。

综上所述，在地面起伏的倾斜像片上，很难找到构像比例尺完全相同的地方。实际影像比例尺在影像上处处不相等，一般用整幅影像的平均比例尺表示航空影像的比例尺。

影像比例尺越大，地面分辨率越高，越有利于影像的解译和提高成图的精度。实际工作中，影像比例尺要根据测绘地形图的精度要求与获取地面信息的需要确定。

2. 航高

由于主距固定，影响航摄比例尺的主要因素是航高。

（1）绝对航高：相对于高程基准面的航高；

（2）相对航高：相对于摄区平均高程基准面的航高。

2.2.2　航摄重叠度

为了使相邻像片的地物能互相衔接以及满足立体观察的需要，相邻像片间需要有一定的重叠，称为航向重叠，如图 2-4（a）所示。要完成对于摄影区域的完整覆盖，航空摄影影像除了要有一定的航向重叠外，相邻航线的影像间也要求具有一定的重叠，以满足航线间接边的需要，称为旁向重叠，如图 2-4（b）所示。

这种既有航向重叠又有旁向重叠的方式不仅确保了一条航线上的完全覆盖，而且从相邻两个摄站可获取具有重叠的影像构成立体像对，是立体航空测图的基础。

传统航空摄影测量作业使用的一般为大型飞机，飞行姿态稳定。规范要求航向应达到最低 56%～65% 的重叠，以确保各种不同的地面至少有 50% 的重叠。旁向重叠度一般应为 30%～35%，地面起伏大时，设计重叠度还要增大，才能保证影像立体量测与拼接的需要。

无人机航测作业规范更多参考《低空数字航空摄影规范》（CH/Z 3005—2010），规范中要求航向重叠度一般应为 60%～80%，最小不应小于 53%；旁向重叠度一般应为 15%～60%，最小不应小于 8%。新型倾斜航测对旁向重叠度要求更高，一般不应低于 60%。

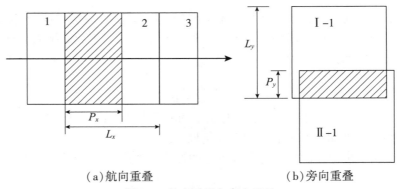

（a）航向重叠　　　　　　　　　　（b）旁向重叠

图 2-4　航向重叠与旁向重叠

2.2.3 像片分辨率

数字影像分辨率,通常指地面分辨率,以一个像素所代表地面的大小来表示,即地面采样间隔(GSD),单位为米/像素。影像分辨率代表能从影像上识别地面物体的最小尺寸。数字航空摄影中,GSD 表示影像分辨率,是决定影像对地物识别能力和成图精度的重要指标。数字影像成图比例尺与数码相机像素地面分辨率的关系如表 2-1 所示;内业成图比例尺与航摄比例尺关系如表 2-2 所示。

表 2-1　　　　**数字影像成图比例尺和数码相机像素地面分辨率(GSD)关系**

成图比例尺	地面分辨率/m
1：500	优于 0.05
1：1000	优于 0.1
1：2000	优于 0.2
1：5000	优于 0.5
1：1 万	优于 1.0
1：2.5 万	优于 2.5
1：5 万	优于 5.0

表 2-2　　　　　　　　　　**成图比例尺与航摄比例尺关系**

成图比例尺	航摄比例尺	倍数关系
1：500	1：2000～1：3500	4~7,大于成图比例尺 3 倍
1：1000	1：3500～1：7000	3.5~7,大于成图比例尺 3 倍
1：2000	1：7000～1：1.4 万	
1：5000	1：1 万～1：2 万	2~4,3 倍左右
1：1 万	1：2 万～1：4 万	
1：2.5 万	1：2.5 万～1：6 万	大于等于成图比例尺
1：5 万	1：3.5 万～1：8 万	
1：10 万	1：6 万～1：10 万	

摄影比例尺:$1/\text{scale} = f/H_{相} = 扫描分辨率/地面分辨率 = \dfrac{a}{\text{GSD}}$

相对航高:$H_{相} = \text{scale} \cdot f = f \cdot \text{GSD}/a$

绝对航高:$H_{绝} = 基准面高 + 相对航高$

式中:

$H_{相}$:相对航高,单位为米(m);

　　f：航摄仪主距，单位为毫米（mm），主距 f 和像元大小为相机标定参数，为已知值；

　　a：像元尺寸，单位为毫米（mm）；

　　GSD：地面分辨率，单位为米（m）。

　　可以看出，比例尺越大，像片地面分辨率越高，如表 2-3 所示。

表 2-3　　　　　　　　　　　　《低空数字航空摄影规范》中地面分辨率

测绘比例尺	地面分辨率/cm
1∶500	优于 5
1∶1000	优于 10，宜采用 8
1∶2000	优于 20，宜采用 16

　　实际飞行时，摄影分区内的实际航高与设计航高之差不大于 50m，当设计航高大于 1000m 时不得大于设计航高的 5%，分区内地形高差 ≤1/4 相对航高；航摄比例尺 ≥1∶7000时，地形高差 ≤1/6 相对航高。

　　数字正射影像图的地面分辨率在一般情况下应不大于 $0.0001M_图$（$M_图$ 为成图比例尺的分母）。以卫星影像为数据源制作的卫星数字正射影像图的地面分辨率可采用原始卫星影像的分辨率。

2.3　卫星差分定位技术介绍

2.3.1　全球导航卫星系统

　　全球导航卫星系统（GNSS）是利用一组卫星的伪距、星历、卫星发射时间、用户钟差等观测量，在地球表面或近地空间的任何地点为用户提供全天候的三维坐标和速度以及时间信息的空基无线电导航定位系统。GNSS 是英文 Global Navigation Satellite System 的缩写简称，它利用导航卫星进行测时和测距，具有全球性、全能性（陆地、海洋、航空与航天）、全天候性优势的导航定位、定时、测速系统。利用该系统，用户可以在全球范围内实现全天候、连续、实时的三维导航定位和测速；另外，利用该系统，用户还能够进行高精度的时间传递和高精度的精密定位。

　　1973 年 12 月，美国国防部正式批准陆海空三军共同研制全球定位系统（GPS），这是全球最早建成并投入使用的全球导航卫星系统。1994 年该系统进入完全运行状态；整套 GPS 由三部分组成，即 GPS 卫星组成的空中部分、若干地面站组成的地面监控系统、以接收机为主体的用户设备。三者有各自独立的功能和作用，但又是有机配合而缺一不可的整体系统。

　　1. 空间卫星部分

　　GPS 的空间部分由 24 颗 GPS 工作卫星组成，这些 GPS 工作卫星共同组成了 GPS

卫星星座，其中 21 颗为用于导航的卫星，3 颗为活动备用卫星。这 24 颗卫星分布在 6 个倾角为 55°，高度约为 20200km 的高空轨道上绕地球运行。卫星的运行周期约为 12 恒星时。完整的工作卫星星座保证在全球各地可以随时观测到 4~8 颗高度角为 15°以上的卫星，若高度角在 5°则可达到 12 颗卫星。每颗 GPS 工作卫星都发出用于导航定位的信号，GPS 用户正是利用这些信号来进行工作的。

2. 地面监控部分

GPS 的控制部分由分布在全球的若干个跟踪站所组成的监控系统构成，根据其作用不同，这些跟踪站又被分为主控站、监控站和注入站。

1）主控站的作用

主控站拥有大型电子计算机，作为主体的数据采集、计算、传输、诊断、编辑等工作，它完成下列功能：

（1）采集数据：主控站采集各监控站所测得的伪距和积分多普勒观测值、气象要素、卫星时钟和工作状态的数据、监测站自身的状态数据等。

（2）编辑导航电文（卫星星历、时钟改正数、状态数据及大气改正数）并送入注入站。

（3）诊断地面支撑系统的协调工作、诊断卫星健康状况并向用户指示。

（4）调整卫星误差。

2）监控站的作用

监控站为主控站编算导航电文提供各类观测数据和信息。各监控站对可见到的每一颗 GPS 卫星每 6s 进行一次伪距测量和积分多普勒观测，采集定轨、气象要素、卫星时钟和工作状态等数据，监控 GPS 卫星的运行状态及精确位置，并将这些信息传给主控站。

3）注入站的作用

主控站将编辑的卫星电文传送到位于三大洋的三个注入站，定时将这些信息注入各个卫星，然后由 GPS 卫星发送给广大用户。

所有在轨运行的 GPS 卫星既是作为一系列的动态已知点，又是作为无线电信号发射台存在于空间，它们发播的星历信号为用户提供卫星的空间坐标、轨道参数、时间、各种改正等一系列信息。接收机接收这些星历信号，测量观测距所选卫星的距离，然后根据所测距离求出观测者的坐标参数，这就是 GPS 定位。GPS 定位是在 GPS 卫星的实时位置已知的前提下采用距离交会原理来准确确定位置。

GPS 定位基本原理如图 2-5 所示，知道未知点到已知点的距离，未知点就必然位于以已知点为球心、两点间距离为半径的球面上；如果已知 A、B、C 三个卫星的在轨坐标，又测出了观测站与 3 颗卫星的距离，然后利用三维坐标中的距离公式，利用 3 颗卫星，就可以组成 3 个方程式，解出观测点的位置 X, Y, Z 这 3 个未知数。考虑到卫星时钟与接收机时钟之间的误差，实际上有 4 个未知数，X, Y, Z 和钟差，因此，需要引入第 4 颗卫星，形成 4 个方程式进行求解，从而可以确定某一观测点的空间位置，精确算出该点的经纬度和高程。

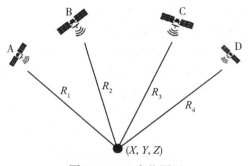

图 2-5　GPS 定位原理

3. GPS 接收机

GPS 接收机是接收全球定位系统卫星信号并确定地面空间位置的仪器。GPS 接收机用 GPS 信号进行导航定位测量，根据使用目的不同，用户要求的 GPS 信号接收机也各有差异。现在世界上已有几十家工厂生产 GPS 接收机，产品也有几百种。

按接收机的用途分类，可分为导航型接收机、测地型接收机、授时型接收机。导航型接收机主要用于运动载体的导航，它可以实时给出载体的位置和速度。这类接收机一般采用 C/A 码伪距测量，单点实时定位精度较低，价格便宜，应用广泛。测地型接收机主要用于精密大地测量和精密工程测量。定位精度高，仪器结构复杂，价格较贵。授时型接收机主要利用 GPS 卫星提供的高精度时间标准进行授时，常用于天文台及无线电通信中时间同步。

按接收载波频率分类，可分为单频接收机、双频接收机。单频接收机只能接收 L1 载波信号，测定载波相位观测值进行定位。由于不能有效消除电离层延迟影响，单频接收机只适用于短基线（<15km）的精密定位。双频接收机可以同时接收 L1，L2 载波信号。利用双频对电离层延迟的不一样，可以消除电离层对电磁波信号延迟的影响，因此双频接收机可用于长达几千千米的精密定位。

按接收通道数分类，可分为多通道接收机、序贯通道接收机、多路多用通道接收机。GPS 接收机能同时接收多颗 GPS 卫星的信号，为了分离接收到的不同卫星的信号，以实现对卫星信号的跟踪、处理和量测，具有这样功能的器件称为天线信号通道。

按接收机工作原理分类，可分为码相关型接收机、平方型接收机、混合型接收机和干涉型接收机。码相关型接收机是利用码相关技术得到伪距观测值。平方型接收机是利用载波信号的平方技术去掉调制信号，来恢复完整的载波信号，通过相位计测定接收机内产生的载波信号与接收到的载波信号之间的相位差，测定伪距观测值。混合型接收机，这种仪器是综合上述两种接收机的优点，既可以得到码相位伪距，也可以得到载波相位观测值。干涉型接收机，这种接收机是将 GPS 卫星作为射电源，采用干涉测量方法，测定两个测站间距离。

2.3.2　中国北斗卫星导航系统

中国北斗卫星导航系统（BeiDou Navigation Satellite System，BDS，可简称北斗系统）

是中国自行研制的全球卫星导航系统，也是继 GPS、GLONASS 之后的第三个成熟的卫星导航系统。北斗卫星导航系统（BDS）和美国 GPS、俄罗斯 GLONASS、欧盟 GALILEO，是联合国卫星导航委员会已认定的供应商。

北斗卫星导航系统由空间段、地面段和用户段三部分组成，可在全球范围内全天候、全天时为各类用户提供高精度、高可靠性的定位、导航、授时服务，并且具备短报文通信能力，已经初步具备区域导航、定位和授时能力，定位精度为分米、厘米级别，测速精度 0.2m/s，授时精度 10ns。

2020 年 6 月 23 日 9 时 43 分，我国在西昌卫星发射中心用长征三号乙运载火箭，成功发射北斗系统第 55 颗导航卫星，暨北斗三号最后一颗全球组网卫星，至此北斗三号全球卫星导航系统星座部署比原计划提前半年全面完成。

2020 年 7 月 31 日上午，北斗三号全球卫星导航系统正式开通。

全球范围内已经有 137 个国家与北斗卫星导航系统签下了合作协议。随着全球组网的成功，北斗卫星导航系统未来的国际应用空间将会不断扩展。

相对于美国 GPS，北斗卫星导航系统具有以下特点：

一是北斗系统空间段采用三种轨道卫星组成的混合星座，与其他卫星导航系统相比高轨卫星更多，抗遮挡能力强，尤其低纬度地区性能特点更为明显。

二是北斗系统提供多个频点的导航信号，能够通过多频信号组合使用等方式提高服务精度。

三是北斗系统创新融合了导航与通信能力，具有实时导航、快速定位、精确授时、位置报告和短报文通信服务五大功能。

自北斗系统提供服务以来，已在交通运输、农林渔业、水文监测、气象测报、通信系统、电力调度、救灾减灾、公共安全等领域得到广泛应用，融入国家核心基础设施，产生了显著的经济效益和社会效益。

2.3.3 RTK、PPK 测量原理

2.3.3.1 RTK（实时动态差分）技术原理

1. RTK 工作原理及 RTK 技术的优缺点

实时动态差分（Real-time Kinematic，RTK）技术是以载波相位观测量为根据的实时差分 GNSS 测量，它能够实时地提供测站点在指定坐标系中的厘米级精度的三维定位结果。RTK 测量系统通常由三部分组成，即 GNSS 信号接收部分（GNSS 接收机及天线）、实时数据传输部分（数据链，俗称电台）和实时数据处理部分（GNSS 控制器及其随机实时数据处理软件）。

RTK 工作原理如图 2-6 所示，根据 GNSS 的相对定位理论，将一台接收机设置在已知点上（基准站），另一台或几台接收机放在待测点上（移动站），同步采集相同卫星的信号。基准站在接收 GNSS 信号并进行载波相位测量的同时，通过数据链将其观测值、卫星跟踪状态和测站坐标信息一起传送给移动站；移动站通过数据链接收来自基准站的数据，然后利用 GNSS 控制器内置的随机实时数据处理软件与本机采集的 GNSS 观测数据组成差分观测值进行实时处理，实时给出待测点的坐标、高程及实测精度，并将实测

精度与预设精度指标进行比较，一旦实测精度符合要求，手簿将提示测量人员记录该点的三维坐标及其精度。作业时，移动站可处于静止状态，也可处于运动状态；可在已知点上先进行初始化，再进入动态作业，也可在动态条件下直接开机，并在动态环境下完成整周模糊值的搜索求解。在整周模糊值固定后，即可进行每个历元的实时处理，只要能保持 4 颗以上卫星相位观测值的跟踪和必要的几何图形，移动站就可随时给出待测点的厘米级的三维坐标。

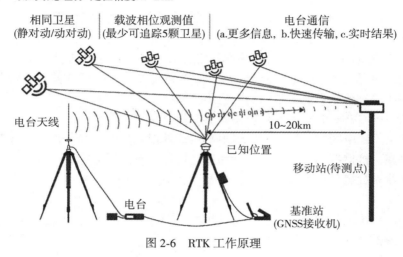

图 2-6　RTK 工作原理

RTK 的软件系统具有能够实时解算出移动站三维坐标的功能。RTK 测量技术除具有 GNSS 测量的优点外，同时具有观测时间短，能实现坐标实时解算的优点，可以提高生产效率。目前我国自主研发的产品有南方系列、中海达、华测等，这些系列的仪器在一定程度上占领了国内测绘市场，正有逐渐取代国外老牌测量仪器的发展趋势。其手簿也逐渐向触摸式、蓝牙连接、人性化的界面发展，操作简单，所以国产 RTK 已广泛为我国测绘工作者所青睐。

RTK 技术的优点：①自动化。一个测区只需要输入一次七参数，图根控制点测量时只要设置好参数就可以直接输出结果，提高了作业效率，从根本上解决了人为计算产生的误差。利用全站仪做图根控制点时，需要布设导线，过程繁琐且需要计算数据，如果发现数据超限还要进行二次重测，这样大大增加了成本。②全天候。这个特性是其他仪器所不具备的。无论白天黑夜、刮风下雨，甚至是零下 30℃ 的天气都能作业。受条件限制较少，而全站仪受限条件较多，如：大雾天气、刮风下雨、光色较暗等情况下成像不清晰。③速度快。野外碎步点采集过程中无须等待，固定解状态下一秒钟完成测量点的三维坐标。而全站仪要架站、对中、定向、瞄准目标测量并保存，有时候还要等待跑杆人员到达目的地才可以进行测量。④方便快捷。数据采集时不用考虑通视情况，只需设置一次测区七参数，不用考虑定向等问题，采用电台模式可以在方圆 10km 任意进行，如果采用 CORS 站就更是如虎添翼，RTK 在野外数据采集时可以省去繁琐的操作过程。⑤精度高。一个优良工程的重要的评判标准之一就是精度质量。特别是施工测绘更是把精度看得至关重要，有时候几厘米误差就有可能导致工程的衔接问题，RTK 在固定解情况下利用七参数能快速且高精度地测出任意点的三维坐标，每一个点的点位误差是相同的，误差不积累、不传递。⑥作业人员少。RTK 在野外数据采集时只需要一个人操作即可。

RTK 技术的不足之处：①卫星锁定受限。如在峡谷底、森林、隧道等中 RTK 的使用就会受到限制。②易受干扰。在大面积水域、大树、高楼、电磁厂、变电站等地方精度会受到很大的干扰。③雷电。打雷、闪电情况下不使用。④电量问题。需要大容量的电池才能保证连续作业。

2. RTK 技术应用

1）平面控制测量

城市控制网控制面积大、精度高、使用频繁，但城市Ⅰ、Ⅱ、Ⅲ级导线大多位于建成区地面，随着城市建设的进行，各个控制点常被破坏，严重影响了工程测量的进度。常规控制测量如导线测量，要求点间通视，费工费时，且精度不均匀。GPS 静态测量，点间不需通视且精度高，但数据采集时间长，还需要事后数据处理，不能实时知道定位结果，如内业发现精度不符合则必须返工。应用 RTK 技术无须通视，且能实时测量高精度坐标数据，无论在作业精度还是作业效率上都具有明显优势。

2）像控点测量

像控点测量是外业测量的主要工作之一。传统的方法要布设大量的导线来测量平高点。采用 RTK 技术测量，只需在测区内或测区附近的高等级控制点架设基准站，移动站直接测量各像控点的平面坐标和高程，对不易设站的像控点，可采用手簿提供的交会法等间接的方法测量。

3）线路中线测定

在公路和铁路上测量作业时，使用 RTK 进行市政道路中线或电力线中线放样，放样工作只需 1 名测量人员并配备 1 名打桩人员即可，作业效率大大提高，大大降低了人的劳动强度和成本。

4）建筑物放样

建筑物规划放样时放样精度要求较高，使用 RTK 进行建筑物放样时需要注意检查建筑物本身的几何关系。对于短边，其相对关系较难满足。在放样的同时，需要注意的是测量点位的收敛精度，在点位精度收敛高的情况下，用 RTK 进行规划放样一般能满足要求。

3. RTK 测量地面控制点的步骤

1）架设基准站

在进行 RTK 图根测量时，首先进行基准站架设，基准站架设点须满足以下要求：①基准站周围要视野开阔，卫星截止高度角应超过 15°，周围无信号发射物(大面积的水域、大型建筑物等)，以减少多路径效应干扰，并且要尽量避开交通要道、过往行人的干扰。②基准站应尽量架设于测区内相对制高点上，以方便传播差分改正信号。③基准站要远离微波塔、通信塔等大型电磁发射源 200m 外，要远离高压输电线、配电线、通信线 50m 外。④RTK 在作业期间，基准站不能移动或者关机重新启动，如果重新启动必须进行重新校正。

2）移动站设置

1 个移动站只需 1 名测量员通过手簿进行测量操作。连接好移动站接收机、天线、测杆后，先进行测量类型、电台的配置，使其与基站无线电连接，输入移动站的天线高，输入观测时间、次数，设置机内精度，机内精度指标预设为点位中误差±1.5cm，高程中误差±2.0cm。

3）校正测量

由于基准站设置于未知点上，因此必须对已知点进行校正测量，才能在手簿上求解出 WGS-84 坐标与当地坐标系之间的转换参数。校正点的数量视测区的大小而定，一般取 3~6 个点为宜。在手簿中输入校正点的当地坐标，移动站置于校正点上测量出该点的 WGS-84 坐标，将所选的校正点逐一测量后，通过手簿上的点校正计算即可求解出转换参数。点校正测量结束后，先在已知点上测量，检查转换参数无误时才能进行新的测量。

4）图根点控制测量

图根点的布设应该以点组的形式出现，每组应由两个或者三个两两通视的图根点组成，以便于安置全站仪测量时定向和测站检核，图根点之间的距离应随点位而定，一般不超过 100m。图根点测量时只需在测站上输入点名，按提示测量存储，正常情况下，5s 即可结束一个点的观测。

2.3.3.2　PPK(后处理差分)技术原理

1. PPK 工作原理

GNSS 动态后处理差分(Post-Processing Kinematic，PPK)技术的工作原理是利用一台进行同步观测的基准站接收机和至少一台流动接收机，对 GNSS 卫星进行同步观测；也就是基准站保持连续观测，初始化后的移动站迁站至下一个待定点，在迁站过程中需要保持对卫星的连续跟踪，以便将整周模糊度传递至待定点。

基准站和移动站同步接收的数据在计算机中进行线性组合，形成虚拟的载波相位观测量，确定接收机之间的相对位置，最后引入基准站的已知坐标，从而获得移动站的三维坐标。

PPK 技术是最早的 GNSS 动态差分技术方式(又称半动态法、准动态相对定位法、走走停停(Stop and Go)法)，它与 RTK 技术的主要区别在于：在基准站和移动站之间，不必像 RTK 那样，建立实时数据传输，而是在定位观测后，对两台 GNSS 接收机所采集的定位数据进行测后的联合处理，从而计算出移动站在对应时间上的坐标位置，其基准站和移动站之间的距离没有严格的限制。它的优点是定位精度高、作业效率高、作业半径大、易操作。

2. RTK 和 PPK 的比较

1）RTK 和 PPK 的相同点

(1)作业模式相同。两种技术都采用参考站加移动站的作业模式。

(2)两种技术在作业前都需要初始化。

（3）两者都能达到厘米级精度。水平精度为 1cm+1ppm；垂直精度为 2cm+1ppm。

2）RTK 和 PPK 的不同点

（1）通信方式不同。RTK 技术需要电台或者网络，传输的是差分数据；PPK 技术不需要通信技术的支持，记录的是静态数据。

（2）定位作业的方式不同。RTK 采用实时定位技术，可以在移动站随时看到测量点的坐标以及精度情况；PPK 定位属于后处理定位，在现场看不到点的坐标，需要事后处理才能看到结果。

（3）作业半径不同。RTK 作业受到通信电台的制约，作业距离一般不超过 10km，网络模式需要网络信号全覆盖的区域；运用 PPK 技术作业，一般作业半径可以达到 50km。

（4）受卫星信号影响的程度不同。RTK 作业时，如果在大树等障碍物的附近，非常容易失锁；而 PPK 作业时，经过初始化后，一般不易失锁。

（5）定位精度不同。RTK 平面精度为 8mm+1ppm，高程精度为 15mm+1ppm；PPK 平面精度为 2.5mm+0.5ppm，高程精度为 5mm+0.5ppm。

（6）定位频率不同。RTK 基站发送差分数据和移动站接收的频率一般为 1～2Hz，PPK 定位频率最大可达 50Hz。

2.3.4 RTK 和 PPK 技术应用于无人机航测

RTK 和 PPK 测量技术在无人机航空摄影测量中的应用主要有以下几个方面：

（1）RTK 技术用于航摄飞机的实时导航，以获取高质量的像片，适用于短距离航测；

（2）将由 PPK 确定的高精度摄站坐标作为辅助数据引入空中三角测量区域网平差（简称联合区域网平差）中，以减少地面控制点甚至完全取代地面控制点，而不损害区域网平差的精度；

（3）与惯性导航系统 INS 结合测定摄影机的姿态参数，使空中三角测量变得十分简单甚至可以完全取消；

（4）用于非摄影测量传感器的定位；

（5）使用 RTK 接收机采集地面测量像控点。

其中第（1）、（3）、（4）点主要涉及无人机系统制造领域，第（5）点像控点采集在后续单元中另有阐述。本单元重点探讨高精度 PPK 后处理差分测量技术辅助空中三角测量区域网平差。

GNSS 辅助空中三角测量的研究始于 1984 年，自 1986 年以来，美国、德国、荷兰、芬兰等国的学者进行了十分活跃的研究；武汉大学、总参测绘研究所等国内的一些单位也进行了大量的研究。经过国内外学者大量的模拟实验和实际试验，充分证明了 GNSS 辅助空中三角测量理论的正确性和广阔的应用前景。

GNSS 辅助空中三角测量是指利用机载 GNSS 接收机与地面基准点的 GNSS 接收机同时、快速、连续地记录相同的 GNSS 卫星信号，通过相对定位技术的离线数据后处理获取摄影机曝光时刻摄站的高精度三维坐标，将其作为区域网平差中的附加非摄影测量观测值，以空中控制取代(或减少)地面控制；经采用统一的数学模型和算法，整体确定点位并对其质量进行评定的理论、技术和方法。图 2-7 表示利用空、地两台 GNSS 接收机的航摄系统。由此可获得飞机上天线相位中心 A 和摄影中心 S 在以 O 为原点的地面坐标系中，利用像片姿态角 ϕ、ω、κ 得到的变换关系式：

$$\begin{pmatrix} X_A \\ Y_A \\ Z_A \end{pmatrix} = \begin{pmatrix} X_S \\ Y_S \\ Z_S \end{pmatrix} + \boldsymbol{R} \begin{pmatrix} u \\ v \\ w \end{pmatrix} \tag{2-8}$$

式中，$\boldsymbol{R}$ 为由像片姿态角所表示的正交旋转矩阵；(u, v, w) 为 GNSS 天线相位中心 A 在像片坐标系中的坐标。

由式(2-8)出发，顾及 GNSS 观测值中的系统误差(主要为漂移误差)，即可获得摄站坐标的线性化误差方程式。将其与常规的光束法区域网空中三角测量的误差方程式联立，整体解求所有未知数。

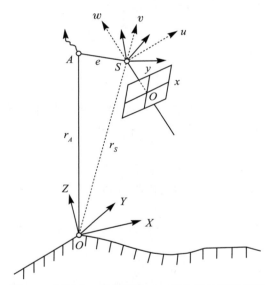

图 2-7　利用空、地两台 GNSS 接收机的航摄系统

已有的研究和试验表明：

(1)GNSS 差分定位技术可获取亚米级精度的三维摄站坐标，有效地用于区域网平差。解算出的加密点坐标精度优于 GNSS 摄站坐标自身的精度，可满足各种比例尺测图的加密规范。

(2)在一个区域中，如 GNSS 观测值中没有失锁、周跳等信号间断的情况，在无须考虑基准的情况下，GNSS 摄站坐标可完全取代地面控制点用于区域网平差。

(3)为解决基准问题及有效改正由于周跳、失锁等导致的 GNSS 系统误差，需加飞构架航线或加入少量地面控制点。

(4)大量的试验结果表明，GNSS 辅助空中三角测量能用于不同像片比例尺、不同区域大小的联合平差，完全可以生产实用化。

随着技术的发展，目前，GNSS 辅助空中三角测量已进一步发展为集 GNSS 和 IMU（惯性测量装置）为一体的 POS（定位与定向系统）辅助空中三角测量。

另外，已有的研究和试验及由表 2-4 中 RTK 和 PPK 技术的不同点可得出：PPK 更适合无人机航测高精度摄站数据的采集。

（1）由于无人机空中飞行速度很快，需要很高的定位频率，用 RTK 技术实时导航很难达到这个条件，PPK 支持 50Hz 定位频率，完全满足需求。

（2）RTK 实时提供位置信息，PPK 可通过后处理方式解算一个周期内的历元数据，不仅可以提高固定率，而且解算精度更高。

（3）RTK 需要用电台或者网络通信模块，PPK 则不需要，能减少无人机的负荷，增加飞机续航时间。

（4）RTK 作业距离有限，PPK 作业距离更远，可达 50km，在长距离大范围的作业区域内，尤其是带状区域，比如输电线路、公路、铁路、油气管道，PPK 将是最佳选择。

表 2-4　　　　　　　　　　　**RTK 与 PPK 技术对比表**

定位模式	初始化时间	电台	定位方式	作业半径	失锁情况
RTK	10s+0.5×基线长度	需要	实时定位	小于 10km	受干扰多，容易失锁
PPK	8min	不需要	事后差分	小于 50km	不易失锁

2.4 摄影测量常用坐标系统介绍

2.4.1 中心投影的基本概念

假设空间诸物点 A、B、C……按照某一规律建立一组投影射线，取一平面 P 截割该束投影射线，在平面内得到相应的投影点 a、b、c……则该平面称为投影平面，而平面内得到的图形称为物体在投影平面上的投影。若投影光线组中所有光线相互平行且垂直于投影平面，称为正射投影，如图 2-8（a）所示。若该投影光线组中所有光线会聚于一点，称为中心投影，图 2-8（b）~（d）三种情况均属中心投影；投影射线的会聚点 S 称为投影中心，由中心投影得到的图称为透视图。

中心投影有两种状态，如图 2-9 所示。当投影平面 P（即像片）和被摄物体位于投影中心的两侧，此时像片所处的位置称为负片位置，如同摄影时的情况。现假设以投影中心为对称中心，将像片转到物空间，即投影平面与被摄物体位于投影中心的同一侧，此时像片 P' 所处位置称为正片位置。利用摄影底片晒印与底片等大的像片时就是这种情况。

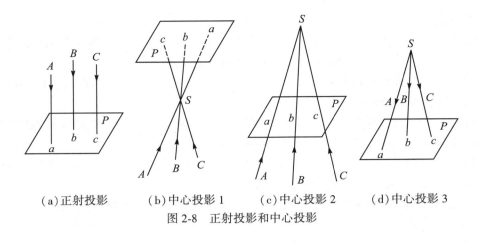

（a）正射投影　　（b）中心投影 1　　（c）中心投影 2　　（d）中心投影 3

图 2-8　正射投影和中心投影

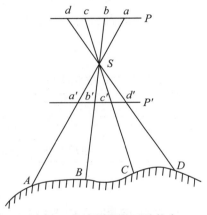

图 2-9　中心投影的两种状态

　　无论像片处在正片位置还是负片位置，像点与物点之间的几何关系并没有改变，数学表达式仍然是一样的。今后在讨论与中心投影有关的问题时，可随其方便采用正片位置或者负片位置。

　　当航空摄影机向地面摄影时，地面上各点的光线都通过摄影机物镜中心 S 后在底片上感光成像，从而获得航摄像片。因此，航摄像片是所摄地面以物镜中心 S 为投影中心的中心投影。物镜中心 S 在摄影测量中又被称为摄影中心。

　　我们知道，地形图是测区在水平面(小范围内视大地水准面为平面)上的正射投影按照图比例尺缩小在图面上而得到的。其典型特征就是：图上任意两点间的距离与相应地面点的水平距离之比为一常数（图比例尺）；图上任一点引出的两方向线的夹角与地面上对应水平角相等。

　　因此，摄影测量的主要任务之一就是将地面按中心投影规律获得的摄影像片，转换成按图比例尺要求的符合正射投影规律的影像。

2.4.2 摄影测量坐标系统定义及常见坐标系

摄影测量解析的任务就是根据像片上像点的位置确定对应地面点的空间位置，因此需要选择适当的坐标系统来描述像点和地面点，并通过一系列的坐标变换，建立二者之间的数学关系，从而由像点观测值求出对应物点的测量坐标。摄影测量中常用坐标系分为两大类：一类是用于描述像点位置的像方空间坐标系；另一类是用于描述地面点位置的物方空间坐标系。

2.4.2.1 像方空间坐标系

1. 像平面坐标系

像平面坐标系用于表示像点在像平面上的位置，通常采用右手系。在摄影测量中，常常使用航摄像片的框标来定义像平面坐标系，称为框标坐标系，如图 2-10(a) 所示。若像片框标为边框标，则以对边框标连线作为 x、y 轴，连线交点 P 为坐标原点，与航线方向相近的连线为 x 轴。若像片框标为角框标，则以对角框标连线夹角的平分线作为 x、y 轴，连线交点 P 为坐标原点。

而在摄影测量解析计算中，像点的坐标则应采用以像主点为原点的像平面坐标系中的坐标。为此，当像主点与框标连线交点不重合时，须将框标坐标系平移至像主点 O，如图 2-10(b) 所示。当像主点在框标坐标系中的坐标为 (x_0, y_0) 时，则量测出的像点框标坐标 (x_P, y_P) 可换算到以像主点为原点的像平面坐标系中的坐标 (x, y)，即

$$\begin{cases} x = x_P - x_0 \\ y = y_P - y_0 \end{cases} \tag{2-9}$$

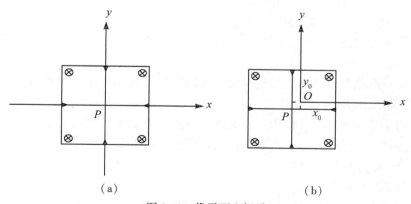

图 2-10 像平面坐标系

2. 像空间坐标系

为了便于进行像点的空间坐标变换，需要建立起能够描述像点空间位置的坐标系，即像空间坐标系。以像片的摄影中心 S 为坐标原点，x、y 轴与像平面坐标系的 x、y 轴平行，z 轴与主光轴方向重合，构成像空间右手直角坐标系 $S\text{-}xyz$，如图 2-11 所示。像点在这个坐标系中的 z 坐标始终等于 $-f$，x、y 坐标也就是像点的像平面坐标。因此，只

29

要量测得到像点在以像主点为原点的像平面坐标系中的坐标$(x，y)$，就可得到该像点的像空间坐标$(x，y，-f)$。像空间坐标系随每张像片的摄影瞬间空间位置而定，所以不同航摄像片的像空间坐标系是不统一的。

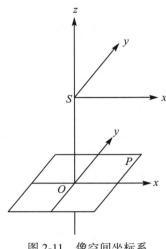

图 2-11　像空间坐标系

3. 像空间辅助坐标系

像点的像空间坐标可以直接由像平面坐标求得，但由于各像片的像空间坐标系是不统一的，这就给计算带来了困难。为此需要建立一种相对统一的坐标系，称为像空间辅助坐标系，用 $S\text{-}uvw$ 表示。此坐标系的坐标原点仍取摄影中心 S，u、w 坐标轴方向视实际情况而定。通常 u、w 轴有如下三种选取方法：

（1）取铅垂方向为 w 轴，航向为 u 轴，三轴构成右手直角坐标系，如图 2-12（a）所示。

（2）以每条航线的首像片的像空间坐标系的三个轴向作为像空间辅助坐标系的三个轴向，如图 2-12（b）所示。

（3）以每个像片对的左片摄影中心为坐标原点，摄影基线方向为 u 轴，以摄影基线及左片主光轴构成的面作为 uw 平面，构成右手系，如图 2-12（c）所示。

2.4.2.2　物方空间坐标系

1. 摄影测量坐标系

将第一个像对的像空间辅助坐标系 $S\text{-}uvw$ 沿着 w 轴反方向平移至地面点 P，得到的坐标系 $P\text{-}X_P Y_P Z_P$ 称为摄影测量坐标系，如图 2-13 所示，它是航带网中一种统一的坐标系。由于它与像空间辅助坐标系平行，因此，很容易由像点的像空间辅助坐标求得相应地面点的摄影测量坐标。

2. 地面测量坐标系

地面测量坐标系是指地图投影坐标系，也就是国家测图所采用的高斯-克吕格 3°带或 6°带投影的平面直角坐标系，与定义的从某一基准面起算的高程系（如 1956 黄海高程或 1985 国家高程基准）所组成的空间左手直角坐标系 $T\text{-}X_tY_tZ_t$，如图 2-13 所示。

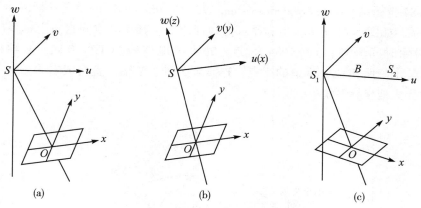

图 2-12　像空间辅助坐标系

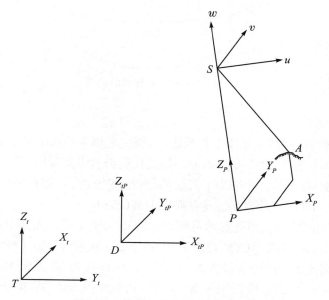

图 2-13　物方空间摄影测量坐标系

3. 地面摄影测量坐标系

由于摄影测量坐标系采用的是右手系，而地面测量坐标系采用的是左手系，这给摄影测量坐标系到地面测量坐标系的转换带来了困难。为此，在摄影测量坐标系与地面测量坐标系之间建立一种过渡性的坐标系，称为地面摄影测量坐标系，用 $D\text{-}X_{tP}Y_{tP}Z_{tP}$ 表示，其坐标原点在测区内的某一地面点上，X 轴沿大致与航向一致的水平方向，Z 轴沿铅垂方向，三轴构成右手系，如图 2-13 所示。摄影测量中，首先将地面点在像空间辅助坐标系中的坐标转换成地面摄影测量坐标，再转换成地面测量坐标。

2.4.2.3 常见坐标系详解

1. WGS-84 坐标系

WGS-84 坐标系（World Geodetic System-1984 Coordinate System）是一种国际上采用的地心坐标系，如图 2-14 所示，坐标原点为地球质心，其地心空间直角坐标系的 Z 轴指向 BIH（国际时间服务机构）1984.0 定义的协议地球极（CTP）方向，X 轴指向 BIH 1984.0 的零子午面和 CTP 赤道的交点，Y 轴与 Z 轴、X 轴垂直构成右手坐标系，称为 1984 年世界大地坐标系统。

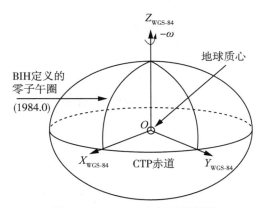

图 2-14 WGS-84 坐标系示例图

2. UTM 坐标系

UTM 投影全称为"通用横轴墨卡托投影"，英文名称为 Universal Transverse Mercator，该坐标系是由美国军方在 1947 年提出的。虽然我们仍然将其看作是与"高斯-克吕格"相似的坐标系统，但实际上 UTM 采用了网格的分带（或分块）。除在美国本土采用 Clarke 1866 椭球体以外，UTM 在世界其他地方都采用 WGS-84。

UTM 是由美国制定的，因此起始分带并不在本初子午线，而是在 180°，因而所有美国本土都处于 0～30 带内。UTM 投影采用 6° 分带，从东经 180°（或西经 180°）开始，自西向东算起，因此 1 带的中央经度为 -177°，而 0° 经线为 30 带和 31 带的分界，这两带的分界分别是 -3° 和 3°。纬度采用 8° 分带，从 80S 到 84N 共 20 个纬度带（X 带多 4°），分别用 C 到 X 的字母来表示。为了避免和数字混淆，I 和 O 没有采用。UTM 的 "false easting" 值为 500km，而南半球 UTM 带的 "false northing" 值为 10000km。

如图 2-15 所示，UTM 是一种等角横轴割圆柱投影，圆柱割地球于南纬 80°、北纬 84° 两条等高圈，被许多国家用作地形图的数学基础，如中国采用的高斯-克吕格投影就是 UTM 投影的一种变形，很多遥感数据，如 Landsat 和 Aster 数据都是应用 UTM 投影发布的。

UTM 投影将北纬 84° 和南纬 80° 之间的地球表面积按经度 6° 划分为南北纵带（投影带）。从 180° 经线开始向东将这些投影带编号，从 1 编至 60（北京处于第 50 带）。每个带再划分为纬差 8° 的四边形。两条标准纬线距中央经线为 180km 左右，中央经线比例系数为 0.9996，UTM 北半球投影北伪偏移为零，南半球则为 10000km。

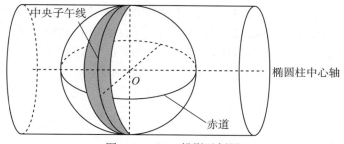

图 2-15 UTM 投影示例图

3. CGCS2000 坐标系

2000 中国大地坐标系(China Geodetic Coordinate System 2000，CGCS2000)，又称为 2000 国家大地坐标系，是中国新一代大地坐标系，21 世纪初已在中国正式实施。

20 世纪 50 年代，为满足测绘工作的迫切需要，中国采用了 1954 年北京坐标系。1954 年之后，随着天文大地网布设任务的完成，通过天文大地网整体平差，于 20 世纪 80 年代初中国又建立了 1980 西安坐标系。1954 北京坐标系和 1980 西安坐标系在中国的经济建设和国防建设中发挥了巨大作用。

随着情况的变化和时间的推移，上述两个以经典测量技术为基础的局部大地坐标系，已经不能适应科学技术特别是空间技术的发展，不能适应中国经济建设和国防建设的需要。中国大地坐标系的更新换代，是经济建设、国防建设、社会发展和科技发展的客观需要。

以地球质量中心为原点的地心大地坐标系，是 21 世纪空间时代全球通用的基本大地坐标系。以空间技术为基础的地心大地坐标系，是中国新一代大地坐标系的适宜选择。地心大地坐标系可以满足大地测量、地球物理、天文、导航和航天应用以及经济、社会发展的广泛需求。历经多年，中国测绘、地震部门和科学院有关单位为建立中国新一代大地坐标系作了大量基础性工作，20 世纪末先后建成全国 GPS 一、二级网，国家 GPS A、B 级网，中国地壳运动观测网络和许多地壳形变网，为地心大地坐标系的实现奠定了较好的基础。中国大地坐标系更新换代的条件也已具备。

2000 中国大地坐标系符合 ITRS(国际地球参考系统)的如下定义：①点在包括海洋和大气的整个地球的质量中心；②长度单位为米，这一尺度同地心局部框架的 TCG(地心坐标时)时间坐标一致；③定向在 1984.0 时与 BIH(国际时间局)的定向一致；④定向随时间的演变由整个地球的水平构造运动无净旋转条件保证。

以上定义对应一个直角坐标系，如图 2-16 所示，它的原点和轴定义如下：①原点，地球的质量中心；②Z 轴，指向 IERS 参考极方向；③X 轴，IERS 参考子午面与通过原点且同 Z 轴正交的赤道面的交线；④Y 轴，完成右手地心地固直角坐标系。

CGCS2000 的参考椭球为一等位旋转椭球。等位椭球(或水准椭球)定义为其椭球面是一等位面的椭球。CGCS2000 的参考椭球的几何中心与坐标系的原点重合，旋转轴与

坐标系的 Z 轴一致。参考椭球既是几何应用的参考面，又是地球表面上及空间正常重力场的参考面。

等位旋转椭球由 4 个独立常数定义。CGCS2000 参考椭球的定义常数是：长半轴 $a = 6378137.0\mathrm{m}$；扁率 $f = 1/298.257222101$；地球的地心引力常数（包含大气层）$GM = 3986004.418 \times 10^8 \mathrm{m}^3/\mathrm{s}^2$；地球角速度 $\omega = 7292115.0 \times 10^{-11} \mathrm{rad/s}$。

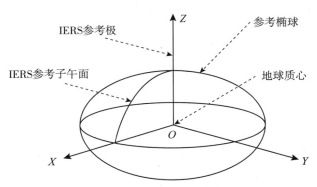

图 2-16　CGCS2000 坐标系定义示例图

4. 1985 国家高程基准

我国于 1956 年规定以黄海（青岛）的多年平均海平面作为统一基面，叫"1956 年黄海高程系统"，为中国第一个国家高程系统，从而结束了过去高程系统繁杂的局面。但由于计算这个基面所依据的青岛验潮站的资料系列（1950—1956 年）较短等原因，中国测绘主管部门决定重新计算黄海平均海面，以青岛验潮站 1952—1979 年的潮汐观测资料为计算依据，叫"1985 国家高程基准"。

我国的水准原点位于青岛观象山，如图 2-17 所示，由 1 个原点 5 个附点构成水准原点网。在"1985 国家高程基准"中水准原点的高程为 72.2604m。这是根据青岛验潮站 1985 年以前的潮汐资料推求的平均海面为零点的起算高程，是国家高程控制的起算点。由于国家水准原点实际高程并非为海拔 0m，经国家测绘局批准，由专家精确移植水准原点信息数据，在青岛银海大世界内建起了"中华人民共和国水准零点"。水准零点标志雕塑高 6m，重 10 余吨，底座像一个铅锤，寓意老一辈测量人工作的辛苦，顶部地球仪上有 6 个小圆球，寓意世界上 6 个著名的海拔原点。在零点雕塑的下面是一个观测井，观测井的底部设有一个巨大的红色玛瑙球，这个球体的顶平面就是我们国家海拔 0m 的地方。

2.4.3　航摄像片的内外方位元素

为了由像点解求物点，必须确定摄影瞬间摄影中心、像片与地面三者之间的相关位置。确定它们之间位置关系的参数称为像片的方位元素。像片方位元素又分为内方位元素和外方位元素。其中，确定摄影中心与像片之间相关位置的参数，称为内方位元素；确定摄影中心和像片在地面坐标系中的位置与姿态的参数，称为外方位元素。

图 2-17　水准零点

2.4.3.1　内方位元素

内方位元素是描述摄影中心与像片之间相关位置的参数，包括三个参数：摄影中心 S 到像片的主距 f 及像主点 O 在框标坐标系中的坐标（x_0，y_0），如图 2-18 所示。

内方位元素值一般视为已知，它由制造厂家通过摄影机检定设备检验得到，检验的数据写在仪器说明书上。在制造摄影机时，一般应将像主点置于框标连线交点上，但安装中有误差，使二者并不重合，所以（x_0，y_0）是一个微小值。

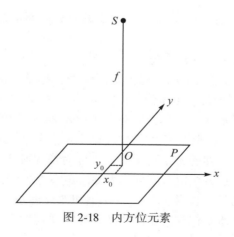

图 2-18　内方位元素

2.4.3.2　外方位元素

在恢复了内方位元素（即恢复了摄影光束）的基础上，确定像片或摄影光束摄影瞬

35

间在地面空间坐标系中的参数，称为外方位元素。一张像片的外方位元素包括 6 个参数：3 个是直线元素，用于描述摄影中心 S 的空间坐标值；另外 3 个是角元素，用于表达像片空间姿态。

1. 3 个直线元素

3 个直线元素是指摄影瞬间摄影中心 S 在选定的地面空间直角坐标系中的坐标值 X_S、Y_S、Z_S。地面空间直角坐标系可以是左手系的地面测量坐标系，也可以是右手系的地面摄影测量坐标系，本书后面的内容中如无特别说明，则一般是指地面摄影测量坐标系（如图 2-19 所示）。

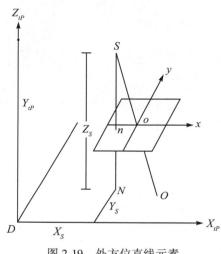

图 2-19　外方位直线元素

2. 3 个角元素

3 个角元素是描述像片在摄影瞬间空间姿态的要素。而描述像片摄影时的空中姿态一般有三种方式。

1）以 v 轴为主轴的 $\phi - \omega - \kappa$ 系统

如图 2-20 所示，首先选取本像片的像空间辅助坐标系 $S\text{-}uvw$ 与地面摄影测量坐标系 $D\text{-}X_{tP}Y_{tP}Z_{tP}$ 的三轴分别平行。则将像片的主光轴 So 投影在 $S\text{-}uw$ 平面内，得到 So_x。这时 So_x 与 w 轴的夹角用 ϕ 表示，称为航向倾角；So_x 与 So 轴的夹角用 ω 表示，称为旁向倾角。一旦 ϕ、ω 确定，主光轴 So 的方向就确定了。再将 v 轴投影到像片平面内，其投影与像片平面坐标系的 y 轴的夹角用 κ 表示，称为像片旋角。κ 确定，则像片的空间方位也就确定了。按照上述方法定义的角元素 ϕ、ω、κ 称为该像片的外方位角元素。

按照这种方法定义的外方位角元素，主光轴和像片的空间方位恰好等价于下列情况：在摄站点 S 摄取一张水平像片，将该片及其像空间辅助坐标系 $S\text{-}uvw$ 首先绕着 v 轴（称为主轴）在航向倾斜 ϕ 角；在此基础上，绕着副轴（绕着 v 轴旋转过 ϕ 角的 u 轴）在旁向倾斜了 ω 角；像片再绕着第三轴（经 ϕ、ω 角旋转过后的 w 轴即主光轴）旋转 κ 角。此时，定义的角元素 ϕ、ω、κ 可以认为是以 v 轴为主轴的 $\phi - \omega - \kappa$ 系统下的像片空间姿态的表达方式。

关于转角的正负号，国际上规定绕轴逆时针旋转(从旋转轴的正向的一端面对着坐标原点看)为正，反之为负。我国习惯规定 ϕ 角顺时针方向旋转为正，ω、κ 角逆时针方向旋转为正，图 2-20 中箭头方向表示正方向。

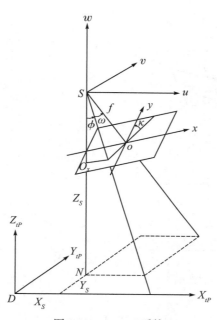

图 2-20　$\phi-\omega-\kappa$ 系统

2)以 u 轴为主轴的 $\omega' - \phi' - \kappa'$ 系统

如图 2-21 所示，首先将主光轴 So 投影在 $S\text{-}vw$ 平面内，得到 So_y。这时，So_y 与 w 轴的夹角用 ω' 表示，称为旁向倾角；So_y 与 So 轴的夹角用 ϕ' 表示，称为航向倾角。一旦 ω'、ϕ' 确定，主光轴 So 的方向就确定了。再将 u 轴投影到像片平面内，其投影与像片平面坐标系的 x 轴的夹角用 κ' 表示，称为像片旋角。κ' 确定，则像片的空间方位也就确定了。按照上述方法定义的外方位角元素 ω'、ϕ'、κ' 可以认为是以 u 轴为主轴的 $\omega' - \phi' - \kappa'$ 系统下的像片空间姿态的表达方式。

ω'、ϕ'、κ' 正负号定义与 ω、ϕ、κ 相似，图 2-21 中箭头指向正方向。

3)以 w 轴为主轴的 $A - \alpha - \kappa_v$ 系统

如图 2-22 所示，A 表示主光轴 So 和铅垂线 SN 所确定的主垂面 W 的方向角，即摄影方向线 NO 与 Y_{tP} 轴(即 v 轴)的夹角；α 表示像片倾角，指主光轴 So 与铅垂线的夹角；κ_v 表示像片旋角，指主纵线与像片 y 轴之间的夹角。主垂面方向角 A 可理解为绕主轴 w 轴顺时针方向旋转得到的；像片倾角 α 是绕副轴(旋转 A 角后的 u 轴)逆时针方向旋转得到的；而像片旋角 κ_v 则是绕旋转 A、α 角后的主光轴 So 逆时针方向旋转得到的。因此，按照上述方法定义的外方位角元素 A、α、κ_v 可以认为是以 w 轴为主轴的 $A - \alpha - \kappa_v$ 系统下的像片空间姿态的表达方式。

A、α、κ_v 正负号定义与 ϕ、ω、κ 相似，图 2-22 中箭头指向正方向。

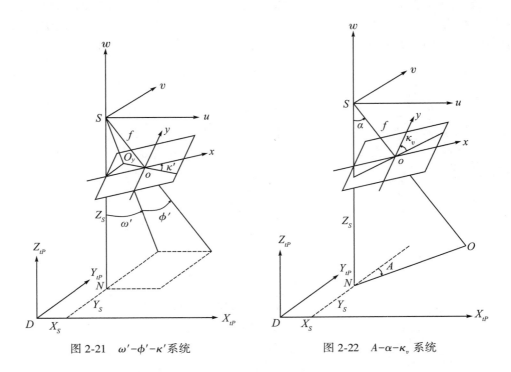

图 2-21　ω'-ϕ'-κ' 系统　　　　　　图 2-22　A-α-κ_v 系统

以上三种角元素表达方式，其中模拟摄影测量仪器单张像片测图时，多采用 A-α-κ_v 系统；立体测图时多采用 ϕ-ω-κ 系统或 ω'-ϕ'-κ' 系统；而在解析摄影测量和数字摄影测量中都采用 ϕ-ω-κ 系统。

2.4.4　空间直角坐标变换及共线方程

为了利用像点坐标计算相应的地面点坐标，首先需要建立像点在不同的空间直角坐标系之间的坐标变换关系。

S-XYZ 为像空间坐标系，S-uvw 为像空间辅助坐标系。这两种坐标轴系之间夹角的余弦，我们用九个方向余弦符号 a_1、a_2、a_3、b_1、b_2、b_3、c_1、c_2、c_3 表示。

现假设有一像点 a，它在 S-XYZ 中的坐标为 x，y，$z(-f)$，在 S-uvw 中的坐标为 u，v，w。从空间解析几何中可知，A 点在这两种坐标系中的坐标有如下关系式：

$$\begin{pmatrix} u \\ v \\ w \end{pmatrix} = \begin{pmatrix} a_1 & a_2 & a_3 \\ b_1 & b_2 & b_3 \\ c_1 & c_2 & c_3 \end{pmatrix} \begin{pmatrix} x \\ y \\ -f \end{pmatrix} = \boldsymbol{R} \begin{pmatrix} x \\ y \\ -f \end{pmatrix} \tag{2-10}$$

式中，$\boldsymbol{R}$ 为旋转矩阵。

式 (2-10) 的反算式为

$$\begin{pmatrix} x \\ y \\ -f \end{pmatrix} = \boldsymbol{R}^{-1}\begin{pmatrix} u \\ v \\ w \end{pmatrix} = \begin{pmatrix} a_1 & b_1 & c_1 \\ a_2 & b_2 & c_2 \\ a_3 & b_3 & c_3 \end{pmatrix}\begin{pmatrix} u \\ v \\ w \end{pmatrix} \qquad (2\text{-}11)$$

式(2-10)和式(2-11)构成像点在像空间坐标系和像空间辅助坐标系之间的变换关系式。

　　航摄像片是地面景物的中心投影构像，地图在小范围内可认为是地面景物的正射投影，这是两种不同性质的投影。影像信息的摄影测量处理，就是要把中心投影的影像，变换为正射投影的地图信息。为此，首先讨论像点与相应物点构像方程式，其次讨论中心投影与正射投影的差异与转换。

　　选取地面摄影测量坐标系 $D\text{-}X_{tP}Y_{tP}Z_{tP}$ 及像空间辅助坐标系 $S\text{-}uvw$，并使两种坐标系的坐标轴彼此平行，如图 2-23 所示。

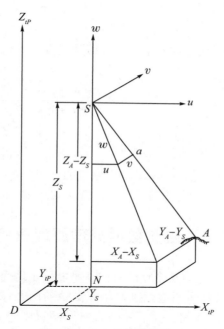

图 2-23　中心投影构像关系

　　设投影中心 A 与地面点 A 在地面摄影测量坐标系中的坐标分别为（X_S，Y_S，Z_S）和（X_A，Y_A，Z_A），则地面点 A 在像空间辅助坐标系中的坐标为（$X_A - X_S$，$Y_A - Y_S$，$Z_A - Z_S$），而相应像点 a 在像空间辅助坐标系中的坐标为（u，v，w）。

　　由于摄影时 S、a、A 三点位于一条直线上，由图 2-23 中的相似三角形关系得

$$\frac{u}{X_A - X_S} = \frac{v}{Y_A - Y_S} = \frac{w}{Z_A - Z_S} = \frac{1}{\lambda} \qquad (2\text{-}12)$$

式中，λ 为比例因子，写成矩阵形式为

$$\begin{pmatrix} u \\ v \\ w \end{pmatrix} = \frac{1}{\lambda} \begin{pmatrix} X_A - X_S \\ Y_A - Y_S \\ Z_A - Z_S \end{pmatrix} \tag{2-13}$$

像空间坐标系与像空间辅助坐标系的坐标关系式的反算式，即(2-11)为

$$\begin{pmatrix} x \\ y \\ -f \end{pmatrix} = \begin{pmatrix} a_1 & b_1 & c_1 \\ a_2 & b_2 & c_2 \\ a_3 & b_3 & c_3 \end{pmatrix} \begin{pmatrix} u \\ v \\ w \end{pmatrix}$$

将式(2-13)代入式(2-11)，并将第一、二式除以第三式得

$$\begin{cases} x = -f\dfrac{a_1(X_A - X_S) + b_1(Y_A - Y_S) + c_1(Z_A - Z_S)}{a_3(X_A - X_S) + b_3(Y_A - Y_S) + c_3(Z_A - Z_S)} \\[4mm] y = -f\dfrac{a_2(X_A - X_S) + b_2(Y_A - Y_S) + c_2(Z_A - Z_S)}{a_3(X_A - X_S) + b_3(Y_A - Y_S) + c_3(Z_A - Z_S)} \end{cases} \tag{2-14}$$

式(2-14)就是中心投影构像的基本公式，即共线方程，它是摄影测量中最基本、最重要的公式，其反算式为

$$\begin{cases} X_A - X_S = (Z_A - Z_S)\dfrac{a_1 x + a_2 y - a_3 f}{c_1 x + c_2 y - c_3 f} \\[4mm] Y_A - Y_S = (Z_A - Z_S)\dfrac{b_1 x + b_2 y - b_3 f}{c_1 x + c_2 y - c_3 f} \end{cases} \tag{2-15}$$

共线方程中包括 12 个数据：以像主点为原点的像点坐标$(x，y)$，对应地面点坐标$(X_A，Y_A，Z_A)$，像片主距f及外方位元素X_S、Y_S、Z_S、ϕ、ω、κ。

2.5　航测数据处理原理解析

根据单张像片只能确定地面某个点的方向，不能确定地面点的三维空间位置，而有了立体像对(即在两个摄站对同一地面摄取相互重叠的两张像片)则可构成与地面相似的立体模型，解求地面点的空间位置。就像人有了两只眼睛，才能看三维立体景观一样。立体模型是双像解析摄影测量的基础，用数学或模拟的方法，重建地面立体模型，从而获得地面的三维信息，是摄影测量的主要任务。

2.5.1　空中三角测量

对测绘工作而言，航空摄影测量可分为外业工作与内业工作两大部分。外业工作包括航空摄影、控制点测量、地物信息调绘、地物信息补绘等；内业工作包括影像定向、DEM 生成、正射影像生成、测图等流程。影像定向就是要获取影像的位置和姿态，影像的位置和姿态称为外方位元素，通常用 3 个坐标值 X、Y、Z 和 3 个角度 ϕ、ω、κ 来表示。影像本质是空间的一个平面，影像定向就是要求解出这个平面的位置。我们知道 3 个空间点可以确定一个空间平面，因此每张影像的定向至少需要 3 个控制点。如果一次飞行了 1 万张影像，按照每张影像需要 3 个点就要做 3 万个控制点，这样会给外业工

作带来巨大的工作量，摄影测量的意义将会大打折扣，那有没有办法减少外业控制点呢？这就好比在墙上安装很多小块木板的工作，单独作业则每个小木板需要3个钉子钉到墙上。但我们也可以先在地上将木板拼合在一起，形成一个大木板，然后再用3个钉子将拼合好的大木板钉到墙上。空中三角测量就是用这个原理来减少控制点的。在进行空中三角测量作业时，先将所有影像进行相对定向，形成自由网，然后再用一些地面控制点进行绝对定向，最终求解出每张影像的位置和姿态，即外方位元素。

在空中三角测量过程中需要加入一些连接点，连接点的作用是将影像相互连接到一起，当空中三角测量完成后，这些连接点的地面坐标被求解出来，变为已知影像位置和坐标的点，因此在后续的生产中可以当作控制点用。这些通过空中三角测量处理生成的控制点称为加密点，可见通过空中三角测量作业可以节省大量的外业控制点工作，对摄影测量作业有非常重要的意义。

尽量减少野外测量(如测量控制点)工作是摄影测量的一个永恒的主题。通过摄影测量原理可知，摄影测量可以通过摄影获得的影像，在室内模型上测点，代替野外测量。但是摄影测量不能离开野外实地的测量工作。例如一张影像需要4个控制点进行空间后方交会，恢复一张影像的外方位元素；一个立体像对(两张影像)通过相对定向与绝对定向，也需要4个控制点恢复两张影像的外方位元素。是否整个区域(几十张甚至几百张影像)只需要少量的外业实测控制点就能确定全部影像的外方位元素？这就是空中三角测量与区域网平差的基本出发点——利用少量外业实测的控制点确定全部影像的外方位元素，加密测图所需的控制点。

空中三角测量是用摄影测量解析法确定区域内所有影像的外方位元素及待定点的地面坐标。它利用少量控制点的像方和物方坐标，解求出未知点的坐标，使得区域网中每个模型的已知点都增加到4个以上，然后利用这些已知点解求所有影像的外方位元素。这个过程包含已知点由少到多的过程，所以空中三角测量又称为空三加密。

根据平差中采用的数学模型，空中三角测量可以分为航带法、独立模型法和光束法。航带法是通过像对的相对定向和模型连接建立自由航带，通过非线性多项式消除航带变形，并使自由网纳入地面坐标系。独立模型法是通过相对定向建立单元模型，利用空间相似变换使单元模型整体纳入地面坐标系。光束法直接以每幅影像的光线束为单元，使同名光线以在物方最佳交会为条件，使其纳入地面坐标系，从而加密出待求点的物方坐标和影像的方位元素。

最基本的空中三角测量方法是航带法，该方法主要由相对定向、模型连接、航带自由网的绝对定向与误差改正等部分组成。由连续相对定向原理可知，若左边的影像不动，通过连续相对定向可以确定右影像相对于左影像的相对位置。人们可以利用连续相对定向一直进行下去，将整个航带中的影像都进行连续相对定向，但是由于相对定向只考虑地面模型的建立，并不考虑模型的大小(比例尺)，相邻模型之间的比例尺并不一致，如图2-24所示，模型2的比例尺小于模型1，模型3的比例尺大于模型2，如何统一模型比例尺，这就是模型连接，如图2-25所示。

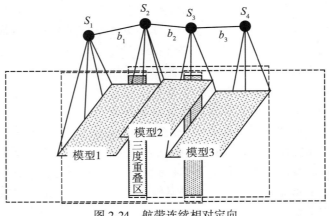

图 2-24　航带连续相对定向

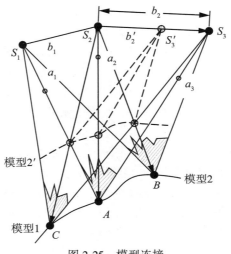

图 2-25　模型连接

一般航空摄影沿航向的重叠度为 60%，从而确保连续 3 张影像具有 20% 的三度重叠区(图 2-24)，即在该范围内的地面点可同时出现在 3 张影像上，其目的就是将由相邻两张影像所构成的立体模型连接成航带模型。

利用空中三角测量进行加密控制点，一般不是按一条航带进行，而是按若干条航带构成的区域进行，其解算过程称为区域网平差，它的基本过程为：①构成航带的自由网；②利用航带之间的公共点，将多条航带拼接成区域自由网；③区域网平差。

常用的区域网平差方法有 3 种：

(1)航带法区域网平差：以航带作为整体平差的基本单元。

(2)独立模型法区域网平差：以单元模型为平差单元。

(3)光束法区域网平差：以每张像片的相似投影光束为平差单元，从而求出每张像片的外方位元素及各个加密点的地面坐标。

由于物理因素(摄影材料变形、摄影物镜畸变、大气折光、地球曲率等)的影响，使像点偏离了三点共线的理论位置，像对立体测图时系统误差对成图精度影响不显著，一般不予考虑。但在解析空中三角测量中，由于误差的传递积累，对加密点的点位精度影响显著，要预先改正。在参与区域网平差之前，每张像片的像点坐标都应进行由于摄影材料变形、摄影物镜畸变差、大气折光和地球曲率所引起的像点误差改正。

1. 航带法区域网平差

航带法区域网平差研究的对象是一条航带的模型，即首先要把许多立体像对所构成的单个模型连接成航带模型，然后把一个航带模型视为一个单元模型进行解析处理。由于在单个模型连成航带模型的过程中，各单个模型中的偶然误差和残余的系统误差将传递到下一个模型中去，这些误差传递累积的结果会使航带模型产生扭曲变形，所以航带模型经绝对定向以后还需作模型的非线性改正，才能得到较为满意的结果，这便是航带法区域网平差的基本思想。

航带法区域网平差的主要工作流程如下：

首先，对航带中每个像对进行连续法相对定向，建立立体模型。此时，每个像对相对定向以左像片为基准，求右像片相对于左像片的相对定向元素，以航带中第一张像片的像空间坐标系作为像空间辅助坐标系，对第一个像对进行相对定向。之后，保持左像片不动，即以第一个像对右片的相对角方位元素作为第二个像对左片的相对角方位元素，为已知值，对第二个像对进行连续法相对定向，求出第三张像片相对于第二张像片的相对定向元素，如此下去，直到完成所有像对的相对定向。这时整条航带的像空间辅助坐标系均化为统一的像空间辅助坐标系。但由于各像对的基线是任意给定的，因此，各模型的比例尺不一致。为此，可利用相邻模型公共点的像空间辅助坐标应相等的条件，进行模型连接，构成航带模型。用同样的方法建立其他航带模型。

其次，用航带内 4 个已知控制点或相邻航带公共点，进行航带模型的绝对定向，将各航带模型连接成区域网，并得到所有模型点在统一的地面摄影测量坐标系中的坐标。最后，进行航带或区域网的非线性改正，由于在建立航带模型的过程中，不可避免地有误差存在，同时还要受到误差累积的影响，致使航带或区域网产生非线性变形。为此，需要根据地面控制点按变形规律进行改正。通常，用于非线性变形的数学模型为二次或三次多项式。改正的方法是，认为每条航带有各自的一组多项式系数值，然后以控制点的计算坐标与实测坐标应相等以及相邻航带公共点坐标应相等为条件，在误差平方和为最小的条件下，求出各航带的多项式系数，进行坐标改正，最终求出加密点的地面坐标。

航带法区域网平差是通过一个个像对的相对定向和模型连接构建自由航带，以各条自由航带为平差的基本单元，各航带中点的摄影测量坐标作为平差的观测值。由于这种方法构建自由航带时，是以前一步的计算结果作为下一步计算的依据，所以误差累积得很快，甚至偶然误差也会产生二次和的累积作用。这是航带法平差的主要缺点和不严密之处。

2. 独立模型法区域网平差

为了避免误差累积，可以单模型（或双模型）作为平差计算单元。由一个个相互连接的单模型既可以构成一条航带网，也可以组成一个区域网，由于构网过程中的误差被限制在单个模型范围内,而不会发生传递累积,这样就可克服航带法区域网平差的不足,有利于加密精度的提高。

独立模型法区域网平差(如图 2-26 所示)的基本思想是:将一个单元模型(可以由一个立体像对或两个立体像对,甚至三个立体像对组成)视为刚体,利用各单元模型彼此间的公共点连成一个区域,在连接过程中,每个单元模型只能作平移、缩放、旋转(因为它们是刚体),这样的要求只有通过单元模型的三维线性变换(空间相似变换)来完成。在变换中要使模型间公共点的坐标尽可能一致,控制点的摄影测量坐标应与其地面摄影测量坐标尽可能一致(即它们的差值尽可能小),同时观测值改正数的平方和为最小,在满足这些条件下,按最小二乘法原理求得待定点的地面摄影测量坐标。

独立模型法较航带法严密,但计算较航带法费时,对计算机容量要求高,而且只适用于对偶然误差的平差,有系统误差则需另加系统误差消除的方法。该方法对粗差有较好的抵抗能力。

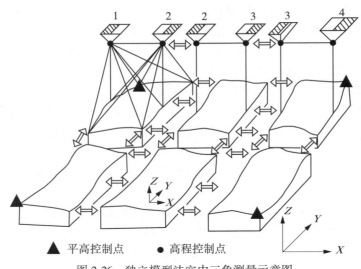

图 2-26 独立模型法空中三角测量示意图

3. 光束法区域网平差

光束法区域网平差是以一幅影像所组成的一束光线作为平差的基本单元,以中心投影的共线方程作为平差的基础方程。通过各个光线束在空间的旋转和平移,使模型之间公共点的光线实现最佳地交会,并使整个区域最佳地纳入已知的控制点坐标系统中去。以影像为单位,利用每个影像与所有相邻影像重叠区内(航向、旁向)的公共点、外业控制点,进行整体求解每张影像的 6 个外方位元素。

光束法平差,其理论最为严密,而且很容易引入各辅助数据(特别是由 GPS 获得的摄影中心坐标数据等)、引入各种约束条件进行严密平差。随着计算机存储空间迅速扩大、运算速度的提高,光束法平差已成为最广泛应用的区域网平差方法。光束法区域网空中三角测量图如图 2-27 所示,其基本内容有:

（1）各影像外方位元素和地面点坐标近似值的确定。可以利用航带法区域网空中三角测量提供影像外方位元素和地面点坐标的近似值。

（2）从每幅影像上的控制点和待定点的像点坐标出发，按每条摄影光线的共线条件方程列出误差方程式。

（3）逐点化法建立改化法方程式，按循环分块的求解方法先求出其中的一类未知数，通常是每幅影像的外方位元素。

（4）空间前方交会法求得待定点的地面坐标，对于相邻影像公共交会点应取其均值作为最后的结果。

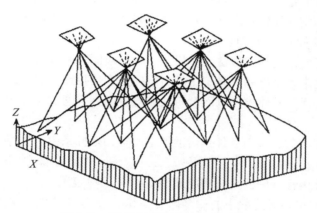

图 2-27　光束法区域网空中三角测量

传统空中三角测量是基于航带进行的，但是无人机飞行时易受气流影响，发生航线漂移，导致影像旋转角及航线弯曲度大，影像航向重叠度、旁向重叠度不规则，无法按传统航空摄影测量分出航带。但是无人机飞行时都需要 GPS 信号指导飞行，因此无人机获取的影像一般都有 GPS 数据甚至是 POS 数据。在进行空中三角测量处理的时候，可以使用 GPS 信息进行全自动自由网作业。影像的 GPS 信息有两个作用，一是用于连接点匹配，匹配过程中使用 GPS 作为影像是否相邻的判定依据，若 GPS 位置很接近则认为影像是相邻的，需要进行连接点匹配，如果 GPS 位置相邻很远，则不进行连接点匹配。GPS 的另外一个作用是在平差解算时作为外方位元素的初值和约束条件（即解算结果必须与 GPS 接近）。

2.5.2　相对定向和绝对定向

如果我们知道每张像片的 6 个外方位元素，就能恢复航摄像片与被摄地面之间的相互关系，重建地面的立体模型，并利用立体模型提取目标的几何和物理信息。因此，如何获取像片的外方位元素，一直是摄影测量工作者探讨的问题，其方法有：利用雷达、全球定位系统（GPS）、惯性导航系统（INS）以及星象摄影机来获取像片的外方位元素。也可利用一定数量的地面控制点，根据共线方程，反求像片的外方位元素，这种方法称为单张像片的空间后方交会。

利用空间后方交会过程解求的像片外方位元素，是描述像片在摄影瞬间的绝对位置和姿态的参数，即是一种绝对方位元素。恢复立体像对中两张像片的外方位元素，即能恢复其绝对位置和姿态，重建被摄地面的绝对立体模型。

摄影测量中，上述过程可以通过另一途径来完成。首先暂不考虑像片的绝对位置和姿态而只恢复两张像片之间的相对位置和姿态，这样建立的立体模型称为相对立体模型，其比例尺和方位均是任意的；然后在此基础上，将两张像片作为一个整体进行平移、旋转和缩放，达到绝对位置。这种方法称为相对定向-绝对定向。

用于描述两张像片相对位置和姿态关系的参数，称为相对定向元素。用解析计算的方法解求定向元素的过程，称为解析法相对定向。由于不涉及像片的绝对位置，因此，相对定向只需要利用立体像对内在的几何关系来进行，不需要地面控制点。

1. 解析法立体像对相对定向

像对的相对定向无论是模拟法或解析法，都是以同名射线对对相交即完成摄影时三线共面的条件作为求解基础的。模拟法相对定向是利用投影仪器的运动，使同名射线对对相交，建立起地面的立体模型。而解析法相对定向则是通过计算相对定向元素，建立地面的立体模型。

解析法相对定向时，共面条件是借助像空间辅助坐标系中的坐标关系来表达的。像空间辅助坐标用 $S\text{-}uvw$ 表示，本节中用 (u, v, w) 表示像点在像空间辅助坐标系中的坐标，而模型点在此坐标系中的坐标相应地用 (U, V, W) 表示。

图 2-28 表示航空摄影过程中的一个像对。其中，S_1、S_2 为左、右摄影站，地面点 A 在左、右像片上的构像分别为 a_1 和 a_2。若射线 S_1a_1 用向量 $\boldsymbol{S_1a_1}$ 表示，射线 S_2a_2 用向量 $\boldsymbol{S_2a_2}$ 表示，而空间摄影基线 b 用向量 $\boldsymbol{S_1S_2}$ 表示，那么当同名射线相交时，三个向量应在同一个面内。根据向量代数，三向量共面，它们的混合积等于零，即

$$\boldsymbol{S_1S_2} \cdot (\boldsymbol{S_1a_1} \times \boldsymbol{S_2a_2}) = 0 \tag{2-16}$$

若 $\boldsymbol{S_1S_2}$、$\boldsymbol{S_1a_1}$、$\boldsymbol{S_2a_2}$ 三个向量在像空间辅助坐标系中的坐标分量分别为 (b_u, b_v, b_w)、(u_1, v_1, w_1) 和 (u_2, v_2, w_2)，则式(2-16)的坐标分量表达式为

$$\begin{vmatrix} b_u & b_v & b_w \\ u_1 & v_1 & w_1 \\ u_2 & v_2 & w_2 \end{vmatrix} = 0 \tag{2-17}$$

即三向量共面时，各向量的坐标分量组成的三阶行列式的值等于零。式(2-17)称为共面条件方程式，它是解析立体像对相对定向元素的基本公式。

由于相对定向所取的像空间辅助坐标系不同，常用的有连续像对相对定向和单独像对相对定向两种方式，下面分别推导它们的相对定向元素解求关系式。

1) 连续像对的相对定向

连续像对法相对定向是以左方像片为基准，求出右方像片相对于左方像片的相对方位元素。

如图 2-29 所示，设在左、右摄站 S_1 和 S_2 处，建立左、右空间辅助坐标系 $S_1 - u_1v_1w_1$ 和 $S_2 - u_2v_2w_2$，两者的相应坐标轴相互平行。此时待求的相对定向元素为 b_v、

b_w、ϕ_2、ω_2、κ_2。

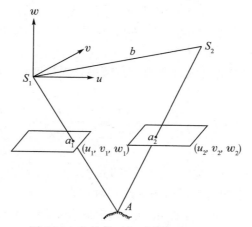

图 2-28　立体像对相对定向共面条件

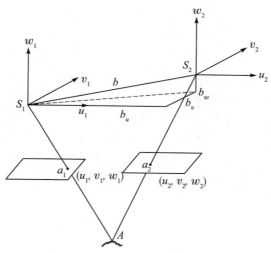

图 2-29　连续像对相对定向共面条件

当同名光线对对相交时，共面条件方程式(2-17)成立，将同名光线和摄影基线的坐标分量代入式(2-17)得

$$F(b_v,\ b_w,\ \phi_2,\ \omega_2,\ \kappa_2) = \begin{vmatrix} b_u & b_v & b_w \\ u_1 & v_1 & w_1 \\ u_2 & v_2 & w_2 \end{vmatrix} = 0 \qquad (2\text{-}18)$$

式中，$(b_u,\ b_v,\ b_w)$ 是右摄站 S_2 在 $S_1 - u_1v_1w_1$ 坐标系中的坐标，即摄影基线 b 在 $S_1 - u_1v_1w_1$ 坐标系中的分量；$(u_1,\ v_1,\ w_1)$ 是左像片像点 a_1 在左像片像空间辅助坐标 $S_1 - u_1v_1w_1$ 中的坐标；$(u_2,\ v_2,\ w_2)$ 是右像片像点 a_2 在右像片像空间辅助坐标系 $S_2 - u_2v_2w_2$

中的坐标。

由于 b_u 只涉及模型比例尺，相对定向中可给予定值。左像片外方位元素为已知，故左像点的坐标（u_1，v_1，w_1）也为已知定值。而右像点的坐标（u_2，v_2，w_2）乃是右像片角元素 ϕ_2、ω_2、κ_2 的函数。因此，式（2-18）中有 5 个未知数 b_v、b_w、ϕ_2、ω_2 和 κ_2，也就是连续像对的 5 个相对定向元素。

共面条件方程式（2-18）是非线性函数，需按泰勒级数展开，取小值一次性，使之线性化，即

$$F(b_v,\ b_w,\ \phi_2,\ \omega_2,\ \kappa_2) = F_0 + \frac{\partial F}{\partial b_v}\Delta b_v + \frac{\partial F}{\partial b_w}\Delta b_w + \frac{\partial F}{\partial \phi_2}\Delta \phi_2 + \frac{\partial F}{\partial \omega_2}\Delta \omega_2 + \frac{\partial F}{\partial \kappa_2}\Delta \kappa_2 = 0$$

$$(2\text{-}19)$$

式中，F_0 为用近似值代入严密共面条件式即式（2-18）后求得的函数值，Δb_v、Δb_w、$\Delta \phi_2$、$\Delta \omega_2$、$\Delta \kappa_2$ 是相对定向元素近似值的改正数，为待定值。

现在求解各系数值。由于在线性化的过程中五个定向元素改正值只取到小值一次项，所以其各系数值可以用近似值演化得到。各点像空间辅助坐标系的坐标关系式，按式（2-19）有

$$\begin{pmatrix} u \\ v \\ w \end{pmatrix} = \boldsymbol{R}\begin{pmatrix} x \\ y \\ -f \end{pmatrix} = \begin{pmatrix} a_1 & a_2 & a_3 \\ b_1 & b_2 & b_3 \\ c_1 & c_2 & c_3 \end{pmatrix}\begin{pmatrix} x \\ y \\ -f \end{pmatrix}$$

其中，旋转矩阵 $\boldsymbol{R}$ 由 ϕ、ω、κ 三个角度作为独立参数组成，当 ϕ、ω、κ 为小值时，略去二次项得旋转矩阵 $\boldsymbol{R}$ 的近似式为

$$\boldsymbol{R} = \begin{pmatrix} 1 & -\kappa & -\phi \\ \kappa & 1 & -\omega \\ \phi & \omega & 1 \end{pmatrix}$$

故右方像空间辅助坐标和像空间坐标系的坐标关系近似式为

$$\begin{pmatrix} u_2 \\ v_2 \\ w_2 \end{pmatrix} = \begin{pmatrix} 1 & -\kappa_2 & -\phi_2 \\ \kappa_2 & 1 & -\omega_2 \\ \phi_2 & \omega_2 & 1 \end{pmatrix}\begin{pmatrix} x_2 \\ y_2 \\ -f \end{pmatrix}$$

上式分别对 ϕ_2、ω_2、κ_2 求导，得

$$\left.\begin{array}{l} \dfrac{\partial u_2}{\partial \phi_2} = f \\[2mm] \dfrac{\partial v_2}{\partial \phi_2} = 0 \\[2mm] \dfrac{\partial w_2}{\partial \phi_2} = x_2 \end{array}\right\}, \quad \left.\begin{array}{l} \dfrac{\partial u_2}{\partial \omega_2} = 0 \\[2mm] \dfrac{\partial v_2}{\partial \omega_2} = f \\[2mm] \dfrac{\partial w_2}{\partial \omega_2} = y_2 \end{array}\right\}, \quad \left.\begin{array}{l} \dfrac{\partial u_2}{\partial \kappa_2} = -y_2 \\[2mm] \dfrac{\partial v_2}{\partial \kappa_2} = x_2 \\[2mm] \dfrac{\partial w_2}{\partial \kappa_2} = 0 \end{array}\right\}$$

从而可以求得式（2-19）中各系数值为

$$\frac{\partial F}{\partial b_v} = \begin{vmatrix} 0 & 1 & 0 \\ u_1 & v_1 & w_1 \\ u_2 & v_2 & w_2 \end{vmatrix} = \begin{vmatrix} w_1 & u_1 \\ w_2 & u_2 \end{vmatrix}$$

$$\frac{\partial F}{\partial b_w} = \begin{vmatrix} 0 & 0 & 1 \\ u_1 & v_1 & w_1 \\ u_2 & v_2 & w_2 \end{vmatrix} = \begin{vmatrix} u_1 & v_1 \\ u_2 & v_2 \end{vmatrix}$$

$$\frac{\partial F}{\partial \phi_2} = \begin{vmatrix} b_u & b_v & b_w \\ u_1 & v_1 & w_1 \\ \dfrac{\partial u_2}{\partial \phi_2} & \dfrac{\partial v_2}{\partial \phi_2} & \dfrac{\partial w_2}{\partial \phi_2} \end{vmatrix} = \begin{vmatrix} b_u & b_v & b_w \\ u_1 & v_1 & w_1 \\ f & 0 & x_2 \end{vmatrix} \qquad (2\text{-}20)$$

$$\frac{\partial F}{\partial \omega_2} = \begin{vmatrix} b_u & b_v & b_w \\ u_1 & v_1 & w_1 \\ \dfrac{\partial u_2}{\partial \omega_2} & \dfrac{\partial v_2}{\partial \omega_2} & \dfrac{\partial w_2}{\partial \omega_2} \end{vmatrix} = \begin{vmatrix} b_u & b_v & b_w \\ u_1 & v_1 & w_1 \\ 0 & f & y_2 \end{vmatrix}$$

$$\frac{\partial F}{\partial \kappa_2} = \begin{vmatrix} b_u & b_v & b_w \\ u_1 & v_1 & w_1 \\ \dfrac{\partial u_2}{\partial \kappa_2} & \dfrac{\partial v_2}{\partial \kappa_2} & \dfrac{\partial w_2}{\partial \kappa_2} \end{vmatrix} = \begin{vmatrix} b_u & b_v & b_w \\ u_1 & v_1 & w_1 \\ -y_2 & x_2 & 0 \end{vmatrix}$$

将式(2-20)代入式(2-19)中得

$$\begin{vmatrix} w_1 & u_1 \\ w_2 & u_2 \end{vmatrix} \Delta b_v + \begin{vmatrix} u_1 & v_1 \\ u_2 & v_2 \end{vmatrix} \Delta b_w + \begin{vmatrix} b_u & b_v & b_w \\ u_1 & v_1 & w_1 \\ f & 0 & x_2 \end{vmatrix} \Delta \phi_2 + \begin{vmatrix} b_u & b_v & b_w \\ u_1 & v_1 & w_1 \\ 0 & f & y_2 \end{vmatrix} \Delta \omega_2 +$$

$$\begin{vmatrix} b_u & b_v & b_w \\ u_1 & v_1 & w_1 \\ -y_2 & x_2 & 0 \end{vmatrix} \Delta \kappa_2 + F_0 = 0$$

展开上式，并略去含有 $\dfrac{b_v}{b_u}\Delta\phi_2$、$\dfrac{b_w}{b_u}\Delta\phi_2$、$\dfrac{b_v}{b_u}\Delta\omega_2$、$\dfrac{b_w}{b_u}\Delta\omega_2$、$\dfrac{b_v}{b_u}\Delta\kappa_2$、$\dfrac{b_w}{b_u}\Delta\kappa_2$ 的二次项小值，整理后得

$$(w_1 u_2 - w_2 u_1)\Delta b_v + (u_1 v_2 - u_2 v_1)\Delta b_w + v_1 x_2 b_u \Delta\phi_2 +$$
$$(v_1 y_2 - w_1 f) b_u \Delta\omega_2 - w_1 x_2 b_u \Delta\kappa_2 + F_0 = 0$$

上式各项除以 $w_1 u_2 - w_2 u_1$，可得

$$\Delta b_v + \frac{(u_1 v_2 - u_2 v_1)}{w_1 u_2 - w_2 u_1}\Delta b_w + \frac{v_1 x_2 b_u}{w_1 u_2 - w_2 u_1}\Delta\phi_2 + \frac{(v_1 y_2 - w_1 f) b_u}{w_1 u_2 - w_2 u_1}\Delta\omega_2 -$$

$$\frac{w_1 x_2 b_u}{w_1 u_2 - w_2 u_1}\Delta\kappa_2 + \frac{F_0}{w_1 u_2 - w_2 u_1} = 0$$

对竖直摄影而言，Δb_v、Δb_w、$\Delta\phi_2$、$\Delta\omega_2$、$\Delta\kappa_2$ 为小值，第一次的近似值可取零。

式中各待定值系数在考虑到一次项的情况下，可把左、右像空间辅助坐标（u_1，v_1）和（u_2，v_2）用像片坐标（x_1，y_1）和（x_2，y_2）代替，并近似地取 $x_1 \approx x_2 + b_u$，$y_1 \approx y_2$，$w_1 \approx w_2 \approx -f$，则

$$\Delta b_v + \frac{y_2}{f}\Delta b_w + \frac{x_2 y_2}{f}\Delta\phi_2 + \frac{y_2^2 + f^2}{f}\Delta\omega_2 + x_2\Delta\kappa_2 - q = 0 \tag{2-21}$$

式（2-21）就是连续像对相对定向的一次项近似式。式中，常数项 q 为按像片比例尺计算的模型点处的上下视差。它是判断相对定向是否完成的标志，所以 q 中 F_0 和 u_1、w_1、u_2、w_2 都要用严密式计算，即按式（2-18）和式（2-19）计算，可得

$$q = \frac{F_0}{w_2 u_1 - w_1 u_2} = \frac{\begin{vmatrix} b_u & b_v & b_w \\ u_1 & v_1 & w_1 \\ u_2 & v_2 & w_2 \end{vmatrix}}{w_2 u_1 - w_1 u_2} = \frac{b_u w_2 - b_w u_2}{w_2 u_1 - w_1 u_2}v_1 - \frac{b_u w_1 - b_w u_1}{w_2 u_1 - w_1 u_2}v_2 - b_v$$
$$= Nv_1 - N'v_2 - b_v \tag{2-22}$$

其中，

$$\left.\begin{aligned} N &= \frac{b_u w_2 - b_w u_2}{w_2 u_1 - w_1 u_2} \\ N' &= \frac{b_u w_1 - b_w u_1}{w_2 u_1 - w_1 u_2} \end{aligned}\right\}$$

N 和 N' 分别为相应射线的投影系数。式（2-22）中各待定值用其近似值代入计算。

在立体像对中每量测一对同名像点就可列出一个方程式，一般量测多于五对同名像点，则按最小二乘法求解。

在计算中把 q 视为观测值，加入相应的改正数 v_q，则式（2-21）写成误差方程式形式为

$$v_q = \Delta b_v + \frac{y_2}{f}\Delta b_w + \frac{x_2 y_2}{f}\Delta\phi_2 + \frac{y_2^2 + f^2}{f}\Delta\omega_2 + x_2\Delta\kappa_2 - q \tag{2-23}$$

将式（2-23）写成通式为

$$v = a\Delta b_v + b\Delta b_w + c\Delta\phi_2 + d\Delta\omega_2 + e\Delta\kappa_2 - l \tag{2-24}$$

若在像对内有 n 对同名点参加相对定向，则可列出 n 个误差方程式，用矩阵表示为

$$V = BX - L \tag{2-25}$$

式中

$$\begin{cases} V = (v_1 \quad v_2 \quad \cdots \quad v_n)^T \\ B = \begin{pmatrix} a_1 & b_1 & c_1 & d_1 & e_1 \\ a_2 & b_2 & c_2 & d_2 & e_2 \\ \vdots & \vdots & \vdots & \vdots & \vdots \\ a_n & b_n & c_n & d_n & e_n \end{pmatrix} \\ L = (l_1 \quad l_2 \quad \cdots \quad l_n)^T \\ X = (\Delta b_v \quad \Delta b_w \quad \Delta\phi_2 \quad \Delta\omega_2 \quad \Delta\kappa_2)^T \end{cases}$$

根据最小二乘法原理，由误差方程式列出法方程式的矩阵形式为

$$B^{\mathrm{T}}PBX - B^{\mathrm{T}}PL = 0$$

其中，权矩阵 P 为

$$P = \begin{pmatrix} P_1 & 0 & \cdots & \cdots & 0 \\ 0 & P_2 & 0 & \cdots & 0 \\ \vdots & \vdots & \vdots & \vdots & \vdots \\ 0 & \cdots & \cdots & \cdots & \cdots \end{pmatrix}$$

则解法方程式，得未知数 Δb_v、Δb_w、$\Delta\phi_2$、$\Delta\omega_2$、$\Delta\kappa_2$ 的解为

$$X = (B^{\mathrm{T}}PB)^{-1}B^{\mathrm{T}}PL$$

由于相对定向方程式(2-21)是取用泰勒展开式的一次项式，因此要通过趋近运算，逐次修改各系数值及常数项值。即把解算出的五个定向元素改正数加到定向元素近似值上，得到新的近似值，再重新列误差方程式进行解算，直至达到所需要的运算精度为止。因此，最后得到各相对定向元素值为

$$\begin{cases} b_v = b_{v0} + \Delta b_{v1} + \Delta b_{v2} + \cdots \\ b_w = b_{w0} + \Delta b_{w1} + \Delta b_{w2} + \cdots \\ \phi_2 = \phi_{20} + \Delta\phi_{21} + \Delta\phi_{22} + \cdots \\ \omega_2 = \omega_{20} + \Delta\omega_{21} + \Delta\omega_{22} + \cdots \\ \kappa_2 = \kappa_{20} + \Delta\kappa_{21} + \Delta\kappa_{22} + \cdots \end{cases}$$

其中，b_{v0}、b_{w0}、ϕ_{20}、ω_{20}、κ_{20} 为第一次运算时所取用的定向元素近似值；Δb_{vi}、Δb_{wi}、$\Delta\phi_{2i}$、$\Delta\omega_{2i}$、$\Delta\kappa_{2i}$ 为第 i 次相对定向元素的改正数。

对后一像对而言，前一像对右像片的相对定向角元素是左像片的角元素，此时已成为已知值。这是连续像对相对定向法的一个特征。

2) 单独像对的相对定向

单独像对相对定向的像空间辅助坐标系也称基线坐标系。图 2-30 所示为已完成相对定向的一个像对。

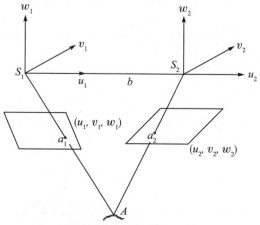

图 2-30　单独像对相对定向共面条件

51

由于 b_v 和 b_w 等于零，由式（2-18）得单独像对定向的共面条件方程式为

$$\begin{vmatrix} b & 0 & 0 \\ u_1 & v_1 & w_1 \\ u_2 & v_2 & w_2 \end{vmatrix} = b \begin{vmatrix} v_1 & w_1 \\ v_2 & w_2 \end{vmatrix} = 0 \tag{2-26}$$

式中，(u_1, v_1, w_1) 和 (u_2, v_2, w_2) 分别为同名像点 a_1 和 a_2 在各自的像空间辅助坐标系中的坐标，它们是像片相对于所取像空间辅助坐标系的角元素的函数。单独像对的相对定向元素由五个角元素 ϕ_1、κ_1、ϕ_2、ω_2、κ_2 组成，所以式（2-26）可表达为

$$F(\phi_1, \kappa_1, \phi_2, \omega_2, \kappa_2) = \begin{vmatrix} v_1 & w_1 \\ v_2 & w_2 \end{vmatrix} = 0 \tag{2-27}$$

引入各待定值的近似值后，将上式线性化可得

$$F(\phi_1, \kappa_1, \phi_2, \omega_2, \kappa_2) = F_0 + \frac{\partial F}{\partial \phi_1}\Delta\phi_1 + \frac{\partial F}{\partial \kappa_1}\Delta\kappa_1 + \frac{\partial F}{\partial \phi_2}\Delta\phi_2 + \frac{\partial F}{\partial \omega_2}\Delta\omega_2 + \frac{\partial F}{\partial \kappa_2}\Delta\kappa_2 = 0 \tag{2-28}$$

现求上式中五个偏导数。引用式（2-27）得

$$\left.\begin{aligned} \frac{\partial F}{\partial \phi_1} &= -u_1 v_2 \\[4pt] \frac{\partial F}{\partial \kappa_1} &= u_1 w_2 \\[4pt] \frac{\partial F}{\partial \phi_2} &= u_2 v_1 \\[4pt] \frac{\partial F}{\partial \kappa_2} &= -u_2 w_1 \\[4pt] \frac{\partial F}{\partial \omega_2} &= v_1 v_2 + w_1 w_2 \end{aligned}\right\} \tag{2-29}$$

将式（2-29）中的 (u_1, v_1, w_1) 和 (u_2, v_2, w_2) 近似地用 $(x_1, y_1, -f)$ 和 $(x_2, y_2, -f)$ 代替，然后代入式（2-28），整理后得单独像对相对定向的一次项公式为

$$-\frac{x_1 y_2}{f}\Delta\phi_1 + \frac{x_2 y_1}{f}\Delta\phi_2 + \frac{f^2 + y_1 y_2}{f}\Delta\omega_2 - x_1\Delta\kappa_1 + x_2\Delta\kappa_2 + \frac{F_0}{f} = 0 \tag{2-30}$$

其误差方程式可写成

$$v_q = -\frac{x_1 y_2}{f}\Delta\phi_1 + \frac{x_2 y_1}{f}\Delta\phi_2 + \frac{f^2 + y_1 y_2}{f}\Delta\omega_2 - x_1\Delta\kappa_1 + x_2\Delta\kappa_2 - q \tag{2-31}$$

其中，常数项 q 应按严密式计算为

$$q = -\frac{F_0}{f} = -\frac{\begin{vmatrix} v_1 & w_1 \\ v_2 & w_2 \end{vmatrix}}{f} = -\frac{v_1 w_2 - w_1 v_2}{f} = 0 \tag{2-32}$$

由误差方程式（2-31）列法方程式，解算出定向元素改正数 $\Delta\phi_1$、$\Delta\kappa_1$、$\Delta\phi_2$、$\Delta\omega_2$、$\Delta\kappa_2$。解算时采用类似连续像对定向元素的解算方法，逐次趋近运算，直到满足

所需要的精度为止。

在计算出相对定向元素以后，就可按像对空间前方交会的方法，计算模型点坐标。

2. 解析法立体像对绝对定向

像对相对定向仅仅是恢复了摄影时像片之间的相对位置，所建立的立体模型相对于地面绝对位置并没有恢复。要求出模型在地面测量坐标系中的绝对位置，就要把模型点在像空间辅助坐标系中的坐标转化为地面测量坐标，这项作业称为模型的绝对定向。模型的绝对定向是根据地面控制点进行的。

地面测量坐标系是左手直角坐标系，而摄影测量的各种坐标系均为右手直角坐标系，为方便转换，一般先将按大地测量得到的地面控制点坐标转换至过渡的地面摄影测量坐标系中，再利用它们将立体模型通过平移、旋转、缩放（即绝对定向）也转换至地面摄影测量坐标系中来，从而求得整个模型的地面摄影测量坐标，最后再将立体模型转换回地面测量坐标系中去。

1）模型绝对定向的基本公式

模型的绝对定向就是将模型点在像空间辅助坐标系中的坐标变换到地面摄影测量坐标系中，实质上就是两个坐标系的空间相似变换问题，即

$$\begin{pmatrix} X \\ Y \\ Z \end{pmatrix} = \lambda \cdot R \begin{pmatrix} U \\ V \\ W \end{pmatrix} + \begin{pmatrix} X_S \\ Y_S \\ Z_S \end{pmatrix} \tag{2-33}$$

式中，U、V、W 为模型点在像空间辅助坐标系中的坐标；X、Y、Z 为模型点在地面摄影测量坐标系中的坐标（为方便起见，用 $D-XYZ$ 表示 $D-X_{tP}Y_{tP}Z_{tP}$）；X_S、Y_S、Z_S 为模型平移量，也就是像空间辅助坐标系的原点在地面摄影测量坐标系中的坐标值；λ 为模型缩放比例因子；R 为旋转矩阵，由轴系的三个转角 Φ、Ω、K 组成。式（2-33）共有七个未知数：X_S、Y_S、Z_S、λ、Φ、Ω 和 K，这七个未知数称为七个绝对定向元素。

为便于计算，需将上式进行线性化。为此，引入七个绝对定向元素的初始值和改正值，即

$$\left. \begin{aligned} X_S &= X_{S_0} + \Delta X_S \\ Y_S &= Y_{S_0} + \Delta Y_S \\ Z_S &= Z_{S_0} + \Delta Z_S \\ \lambda &= \lambda_0(1 + \Delta\lambda) \\ \Phi &= \Phi_0 + \Delta\Phi \\ \Omega &= \Omega_0 + \Delta\Omega \\ K &= K_0 + \Delta K \\ R &= \Delta R R_0 \end{aligned} \right\} \tag{2-34}$$

其中，旋转矩阵 $R = \Delta R R_0$ 是这样得来的：有三个绝对定向元素的初始值 Φ_0、Ω_0、K_0 按方向余弦的求解公式得到 R_0；由于三个角元素还存在误差，需引入相应的改正数 $\Delta\Phi$、$\Delta\Omega$、ΔK 进行旋转（即 ΔR 变换），这样像空间辅助坐标系就完成了 $\Delta R R_0$ 的变换。ΔR 在只考虑到小值一次项时，按近似式计算为

$$\Delta \boldsymbol{R} = \begin{pmatrix} 1 & -\Delta K & -\Delta \Phi \\ \Delta K & 1 & -\Delta \Omega \\ \Delta \Phi & \Delta \Omega & 1 \end{pmatrix} = \begin{pmatrix} 1 & 0 & 0 \\ 0 & 1 & 0 \\ 0 & 0 & 1 \end{pmatrix} + \begin{pmatrix} 0 & -\Delta K & -\Delta \Phi \\ \Delta K & 0 & -\Delta \Omega \\ \Delta \Phi & \Delta \Omega & 0 \end{pmatrix}$$

由此，空间相似变换公式（2-33）写成

$$\begin{pmatrix} X \\ Y \\ Z \end{pmatrix} = (\lambda_0 + \Delta \lambda \lambda_0) \Delta \boldsymbol{R} \boldsymbol{R}_0 \begin{pmatrix} U \\ V \\ W \end{pmatrix} + \begin{pmatrix} X_{S_0} + \Delta X_S \\ Y_{S_0} + \Delta Y_S \\ Z_{S_0} + \Delta Z_S \end{pmatrix} \qquad (2\text{-}35)$$

也即

$$\begin{pmatrix} X \\ Y \\ Z \end{pmatrix} = (\lambda_0 + \Delta \lambda \lambda_0) \left(\begin{pmatrix} 1 & 0 & 0 \\ 0 & 1 & 0 \\ 0 & 0 & 1 \end{pmatrix} + \begin{pmatrix} 0 & -\Delta K & -\Delta \Phi \\ \Delta K & 0 & -\Delta \Omega \\ \Delta \Phi & \Delta \Omega & 0 \end{pmatrix} \right) R_0 \begin{pmatrix} U \\ V \\ W \end{pmatrix} + \begin{pmatrix} X_{S_0} \\ Y_{S_0} \\ Z_{S_0} \end{pmatrix} + \begin{pmatrix} \Delta X_S \\ \Delta Y_S \\ \Delta Z_S \end{pmatrix}$$

　　一般情况下，用于绝对定向的控制点数目均比必要的数目多。因此，取坐标变换前的坐标 (U, V, W) 为观测值，并令 v_U、v_V、v_W 为其改正值，则上式可写成

$$\begin{pmatrix} X \\ Y \\ Z \end{pmatrix} = (\lambda_0 + \Delta \lambda \lambda_0) \left(\begin{pmatrix} 1 & 0 & 0 \\ 0 & 1 & 0 \\ 0 & 0 & 1 \end{pmatrix} + \begin{pmatrix} 0 & -\Delta K & -\Delta \Phi \\ \Delta K & 0 & -\Delta \Omega \\ \Delta \Phi & \Delta \Omega & 0 \end{pmatrix} \right) R_0 \begin{pmatrix} U + v_U \\ V + v_V \\ W + v_W \end{pmatrix} + \begin{pmatrix} X_{S_0} \\ Y_{S_0} \\ Z_{S_0} \end{pmatrix} + \begin{pmatrix} \Delta X_S \\ \Delta Y_S \\ \Delta Z_S \end{pmatrix}$$

展开上式，舍去小值二次项得

$$\begin{pmatrix} X \\ Y \\ Z \end{pmatrix} = \lambda_0 \boldsymbol{R}_0 \begin{pmatrix} U \\ V \\ W \end{pmatrix} + \lambda_0 \boldsymbol{R}_0 \begin{pmatrix} v_U \\ v_V \\ v_W \end{pmatrix} + \begin{pmatrix} 0 & -\Delta K & -\Delta \Phi \\ \Delta K & 0 & -\Delta \Omega \\ \Delta \Phi & \Delta \Omega & 0 \end{pmatrix} \lambda_0 \boldsymbol{R}_0 \begin{pmatrix} U \\ V \\ W \end{pmatrix}$$

$$+ \Delta \lambda \lambda_0 \boldsymbol{R}_0 \begin{pmatrix} U \\ V \\ W \end{pmatrix} + \begin{pmatrix} X_{S_0} \\ Y_{S_0} \\ Z_{S_0} \end{pmatrix} + \begin{pmatrix} \Delta X_S \\ \Delta Y_S \\ \Delta Z_S \end{pmatrix}$$

整理上式中第三项和第四项得

$$\begin{pmatrix} X \\ Y \\ Z \end{pmatrix} = \lambda_0 \boldsymbol{R}_0 \begin{pmatrix} U \\ V \\ W \end{pmatrix} + \lambda_0 \boldsymbol{R}_0 \begin{pmatrix} v_U \\ v_V \\ v_W \end{pmatrix} + \begin{pmatrix} \Delta \lambda & -\Delta K & -\Delta \Phi \\ \Delta K & \Delta \lambda & -\Delta \Omega \\ \Delta \Phi & \Delta \Omega & \Delta \lambda \end{pmatrix} \lambda_0 \boldsymbol{R}_0 \begin{pmatrix} U \\ V \\ W \end{pmatrix} + \begin{pmatrix} X_{S_0} \\ Y_{S_0} \\ Z_{S_0} \end{pmatrix} + \begin{pmatrix} \Delta X_S \\ \Delta Y_S \\ \Delta Z_S \end{pmatrix}$$

写成误差方程式为

$$- \lambda_0 \boldsymbol{R}_0 \begin{pmatrix} v_U \\ v_V \\ v_W \end{pmatrix} = \begin{pmatrix} \Delta \lambda & -\Delta K & -\Delta \Phi \\ \Delta K & \Delta \lambda & -\Delta \Omega \\ \Delta \Phi & \Delta \Omega & \Delta \lambda \end{pmatrix} \lambda_0 \boldsymbol{R}_0 \begin{pmatrix} U \\ V \\ W \end{pmatrix} + \begin{pmatrix} \Delta X_S \\ \Delta Y_S \\ \Delta Z_S \end{pmatrix} - \begin{pmatrix} l_U \\ l_V \\ l_W \end{pmatrix} \qquad (2\text{-}36)$$

其中

$$\begin{pmatrix} l_U \\ l_V \\ l_W \end{pmatrix} = \begin{pmatrix} X \\ Y \\ Z \end{pmatrix} - \lambda_0 \boldsymbol{R}_0 \begin{pmatrix} U \\ V \\ W \end{pmatrix} - \begin{pmatrix} X_{S_0} \\ Y_{S_0} \\ Z_{S_0} \end{pmatrix} \qquad (2\text{-}37)$$

将 $-\lambda_0 \boldsymbol{R}_0 \begin{pmatrix} v_U \\ v_V \\ v_W \end{pmatrix}$ 写成 $\begin{pmatrix} v_U \\ v_V \\ v_W \end{pmatrix}$，$\lambda_0 \boldsymbol{R}_0 \begin{pmatrix} U \\ V \\ W \end{pmatrix}$ 写成 $\begin{pmatrix} U \\ V \\ W \end{pmatrix}$，且 $\begin{pmatrix} U \\ V \\ W \end{pmatrix}$ 总是用改正过的 λ_0、$\boldsymbol{R}_0$ 即

$\lambda_0(1+\Delta\lambda)$、$\Delta \boldsymbol{R}\boldsymbol{R}_0$ 的新值来计算，则式(2-36)可写成

$$\begin{pmatrix} v_U \\ v_V \\ v_W \end{pmatrix} = \begin{pmatrix} \Delta\lambda & -\Delta K & -\Delta\Phi \\ \Delta K & \Delta\lambda & -\Delta\Omega \\ \Delta\Phi & \Delta\Omega & \Delta\lambda \end{pmatrix} \begin{pmatrix} U \\ V \\ W \end{pmatrix} + \begin{pmatrix} \Delta X_S \\ \Delta Y_S \\ \Delta Z_S \end{pmatrix} - \begin{pmatrix} l_U \\ l_V \\ l_W \end{pmatrix}$$

或写成

$$\begin{pmatrix} v_U \\ v_V \\ v_W \end{pmatrix} = \begin{pmatrix} 0 & -W & -V & U & 1 & 0 & 0 \\ -W & 0 & U & V & 0 & 1 & 0 \\ V & U & 0 & W & 0 & 0 & 1 \end{pmatrix} \begin{pmatrix} \Delta\Omega \\ \Delta\Phi \\ \Delta K \\ \Delta\lambda \\ \Delta X_S \\ \Delta Y_S \\ \Delta Z_S \end{pmatrix} - \begin{pmatrix} l_U \\ l_V \\ l_W \end{pmatrix} \qquad (2\text{-}38)$$

对于常数项的计算，式(2-37)中的 λ_0、$\boldsymbol{R}_0$ 都应取改正过的新值即 $\lambda_0(1+\Delta\lambda)$、$\Delta \boldsymbol{R}\boldsymbol{R}_0$。

　　上面推导的公式中，旋转矩阵是以三个转角 Φ、Ω、K 作为独立参数的。对每一个控制点可以列出三个误差方程式，如有 n 个控制点，即可列出 $3n$ 个误差方程式。组成法方程时，经解算后得到初始值的改正值 $\Delta\Phi_1$、$\Delta\Omega_1$、ΔK_1、$\Delta\lambda_1$、ΔX_{S_1}、ΔY_{S_1}、ΔZ_{S_1} 加到初始值上得到新的近似值为

$$\begin{cases} \Phi = \Phi_0 + \Delta\Phi_1 \\ \Omega = \Omega_0 + \Delta\Omega_1 \\ K = K_0 + \Delta K_1 \\ \lambda_1 = (1+\Delta\lambda_1)\lambda_0 \\ X_{S_1} = X_{S_0} + \Delta X_{S_1} \\ Y_{S_1} = Y_{S_0} + \Delta Y_{S_1} \\ Z_{S_1} = Z_{S_0} + \Delta Z_{S_1} \end{cases}$$

将近似值再次作为初始值看待，重新建立误差方程式，再次解求改正数，直到各改正值小于规定限差为止。由此得出，旋转矩阵独立参数为

$$\begin{cases} \Phi = \Phi_0 + \Delta\Phi_1 + \Delta\Phi_2 + \cdots \\ \Omega = \Omega_0 + \Delta\Omega_1 + \Delta\Omega_2 + \cdots \\ K = K_0 + \Delta K_1 + \Delta K_2 + \cdots \end{cases}$$

比例因子为

$$\lambda_i = \lambda_{i-1}(1+\Delta\lambda)$$

坐标原点平移值为

$$\begin{cases} X_S = X_{S_0} + \Delta X_{S_1} + \Delta X_{S_2} + \cdots \\ Y_S = Y_{S_0} + \Delta Y_{S_1} + \Delta Y_{S_2} + \cdots \\ Z_S = Z_{S_0} + \Delta Z_{S_1} + \Delta Z_{S_2} + \cdots \end{cases}$$

在取得七个绝对定向元素之后，就可应用绝对定向的空间相似变换式(2-33)，将各模型点在像空间辅助坐标系中的坐标值(U，V，W)，换算成地面摄影测量坐标系中的坐标值(X，Y，Z)。

2)地面测量坐标系与地面摄影测量坐标系间的转换

控制点的地面测量坐标通常是按全国统一的大地坐标系测定的，属于左手系，东西向为 Y_t 轴，南北向为 X_t 轴，Z_t 轴垂直于水平面。为使模型绝对定向时的旋角 κ 接近于小值，需要将控制点的地面测量坐标转换到右手系的地面摄影测量坐标系中。

如图 2-31 所示，地面测量坐标系 $T - X_t Y_t Z_t$ 与地面摄影测量坐标系 $D - X_{tP} Y_{tP} Z_{tP}$ 的竖轴均铅垂，地面测量坐标系转换至地面摄影测量坐标系(为方便起见，用 $D - XYZ$ 表示 $D - X_{tP} Y_{tP} Z_{tP}$)的公式为

$$\begin{pmatrix} X \\ Y \\ Z \end{pmatrix} = \lambda \begin{pmatrix} \sin\theta & \cos\theta & 0 \\ \cos\theta & -\sin\theta & 0 \\ 0 & 0 & 1 \end{pmatrix} \begin{pmatrix} X_t - X_{tD} \\ Y_t - Y_{tD} \\ Z_t \end{pmatrix} \tag{2-39}$$

式中，(X_{tD}，Y_{tD})为原点 T 到原点 D 的平移值；θ 角为 Y_t 轴和 X 轴的夹角(逆时针方向为正)；λ 为两轴系长度单位变换比例因子；系数矩阵的行列式等于 -1，为非正常正交矩阵，是旋转与反射的乘积，且 $\boldsymbol{R}^{\mathrm{T}} = \boldsymbol{R}$。

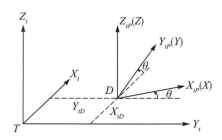

图 2-31　地面测量坐标与地面摄影测量坐标的转换

令 $a = \lambda\sin\theta$，$b = \lambda\cos\theta$，$\lambda = \sqrt{a^2 + b^2}$，代入式(2-39)得

$$\begin{pmatrix} X \\ Y \\ Z \end{pmatrix} = \begin{pmatrix} a & b & 0 \\ b & -a & 0 \\ 0 & 0 & \lambda \end{pmatrix} \begin{pmatrix} X_t - X_{tD} \\ Y_t - Y_{tD} \\ Z_t \end{pmatrix} \tag{2-40}$$

设在已完成相对定向的立体模型左、右两端有地面控制点 A 和 B，其地面坐标系相应为(X_{tA}，Y_{tA}，Z_{tA})和(X_{tB}，Y_{tB}，Z_{tB})，则两者的地面摄影测量坐标分别为

$$\begin{cases} X_A = a(X_{tA} - X_{tD}) + b(Y_{tA} - Y_{tD}) \\ Y_A = b(X_{tA} - X_{tD}) - a(Y_{tA} - Y_{tD}) \\ Z_A = \lambda Z_{tA} \end{cases}$$

$$\begin{cases} X_B = a(X_{tB} - X_{tD}) + b(Y_{tB} - Y_{tD}) \\ Y_B = b(X_{tB} - X_{tD}) - a(Y_{tB} - Y_{tD}) \\ Z_B = \lambda Z_{tB} \end{cases}$$

两两对应相减得

$$\begin{cases} \Delta X = a\Delta X_t + b\Delta Y_t \\ \Delta Y = b\Delta X_t - a\Delta Y_t \end{cases} \tag{2-41}$$

式中，$\Delta X = X_B - X_A$，$\Delta Y = Y_B - Y_A$，$\Delta X_t = X_{tB} - X_{tA}$，$\Delta Y_t = Y_{tB} - Y_{tA}$。

若该地面控制点 A 和 B 在像空间辅助坐标系中的模型点坐标为（U_A，V_A，W_A）和（U_B，V_B，W_B），为了方便进行绝对定向（即把像空间辅助坐标系转换到地面摄影测量坐标系），地面摄影测量坐标系的 X 轴应与像空间辅助坐标系的 u 轴大致同向，且两坐标系单位长度大致相同。为确定地面摄影测量坐标系的 X、Y 轴系，令

$$\begin{cases} \Delta U = U_B - U_A \\ \Delta V = V_B - V_A \\ \Delta X = \Delta U \\ \Delta Y = \Delta V \end{cases}$$

代入式（2-41）并联立求解得

$$\begin{cases} a = \dfrac{\Delta U \cdot \Delta X_t - \Delta V \cdot \Delta Y_t}{\Delta X_t^2 + \Delta Y_t^2} \\ b = \dfrac{\Delta U \cdot \Delta Y_t + \Delta V \cdot \Delta X_t}{\Delta X_t^2 + \Delta Y_t^2} \\ \lambda = \sqrt{a^2 + b^2} = \sqrt{\dfrac{\Delta U^2 + \Delta V^2}{\Delta X_t^2 + \Delta Y_t^2}} \end{cases} \tag{2-42}$$

应用式（2-42）求出系数 a、b 和 λ 后就可根据式（2-32）将控制点地面坐标转换成在地面摄影测量坐标系中的坐标值，作为模型绝对定向的依据。

在模型绝对定向完成后，所得的加密点坐标是依附于地面摄影测量坐标系的，最后还应反算到地面测量坐标系中，由于正交矩阵的 $\boldsymbol{R}^{\mathrm{T}} = \boldsymbol{R}^{-1}$，由式（2-39）、式（2-40）可得

$$\begin{pmatrix} X_t \\ Y_t \\ Z_t \end{pmatrix} = \begin{pmatrix} a & b & 0 \\ b & -a & 0 \\ 0 & 0 & \lambda \end{pmatrix} \begin{pmatrix} X \\ Y \\ Z \end{pmatrix} + \begin{pmatrix} X_{tD} \\ Y_{tD} \\ 0 \end{pmatrix} \tag{2-43}$$

式（2-40）和式（2-43）中地面摄影测量坐标系原点的坐标 X_{tD}、Y_{tD}，可以是某些整数数值，也可以直接取模型左端的一个控制点在 X_tY_t 平面上的坐标，如取 A 点作为原点，则 $X_{tD} = X_{tA}$ 和 $Y_{tD} = Y_{tA}$。

57

2.5.3　分布式空三及实景三维重建算法流程

随着计算技术的发展，有些应用需要非常巨大的计算能力才能完成，如果采用集中式计算，需要耗费相当长的时间来完成。分布式计算将该应用分解成许多小的部分，分配给多台计算机进行处理。这样可以节约整体计算时间，大大提高计算效率。

目前，无人机航测技术能在极短时间内获取海量原始数据，主流的航测数据处理均采用分布式运算方法，本章节中基于上文基础原理，重点阐述一种分布式空三及实景三维重建算法流程。

2.5.3.1　分布式空三算法流程

分布式空三算法流程包括：分块逻辑、特征提取、特征匹配、分块平差、合并逻辑、平差迭代和控制平差，具体流程如图 2-32 所示。

图 2-32　分布式空三算法流程图

（1）分块逻辑（如图 2-33 所示），通过基于位置、重叠率、照片数等条件对大量照片进行逻辑分块，以此解决整体平差资源占用高、运算时间长的问题，同时支持分布式运算。

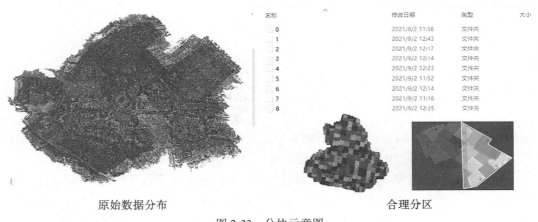

原始数据分布　　　　　　　　　　　　合理分区

图 2-33　分块示意图

（2）特征提取（如图 2-34 所示），采用基于尺度空间的、对图像缩放、旋转甚至仿射变换保持不变形的图像局部特征描述算子 SIFT（尺度不变特征变换）对照片进行特征提取。该算法由大卫·劳伊基于总结传统不变量特征检测技术办法提出，并于 2004 年被加以完善，常见的有 Harris Corner、SIFT、SURF、BRIEF、BRISK 等诸多算法。

大卫·劳伊及SIFT算子

特征点

图 2-34 特征提取算法及示意图

（3）特征匹配（如图 2-35 所示），基于 SIFT 算子特征不变性的特性对照片特征集合进行分别匹配，可采用顺序、空间、穷举等方式进行。不同特征匹配算法及设置差异直接导致匹配点密度、位置、拓扑关系存在差异。

图 2-35 两张照片的匹配示意图

（4）分块平差（如图 2-36 所示），采用光束法平差是以投影中心点、像点和相应的地面点三点共线为条件，以单张像片为解算单元，借助像片之间的公共点和野外控制点（或照片 POS 点），把各张像片的光束连成一个区域进行整体平差，按照共线条件方程列出误差方程，在全区域内统一进行平差处理，解算出每张像片的外方位元素，解算出加密点坐标的方法。通过分布式运算将分块照片镜头组分别进行光束法平差，获取分块平差结果，包括相机畸变参数、位置、姿态、连接点、精度评价等。

（5）合并逻辑（如图 2-37 所示），通过剔除分块间重叠照片、合并相机参数、合并分组信息等操作，将分块平差结果进行有机合并，得到整体平差运算前的较精准初始运算参数。

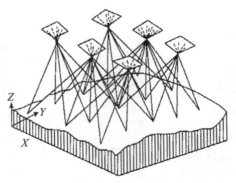

（a）光束法平差原理

・光束法区域网平差的原始误差方程式：

$$v = \begin{pmatrix} a_{11} & a_{12} & a_{13} & a_{14} & a_{15} & a_{16} \\ a_{21} & a_{22} & a_{23} & a_{24} & a_{25} & a_{26} \end{pmatrix}_{ij} \begin{pmatrix} \mathrm{d}X_s \\ \mathrm{d}Y_s \\ \mathrm{d}Z_s \\ \mathrm{d}\phi \\ \mathrm{d}\omega \\ \mathrm{d}\kappa \end{pmatrix}_j + \begin{pmatrix} -a_{11} & -a_{12} & -a_{13} \\ -a_{21} & -a_{22} & -a_{23} \end{pmatrix}_{ij} \begin{pmatrix} \mathrm{d}X \\ \mathrm{d}Y \\ \mathrm{d}Z \end{pmatrix}_i - \begin{pmatrix} lx \\ ly \end{pmatrix}_{ij}$$

矩阵形式：$A_{ij}\Delta_j + B_{ij}\Delta_i - l_{ij} = v_{ij}$　权 p_{ij}

i：点的序号，j：像片序号

（b）光束法区域网平差的原始误差方程式

图 2-36　光束法平差算法示意图

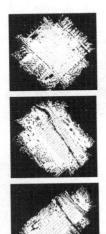
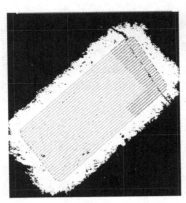

分块堆叠合并后　　　　　　　　合并后保持连接点运算

图 2-37　合并示意图

（6）平差迭代，对具备高精度初始元数据的合并分组后照片进行全局平差和精度迭代，相对于粗略元数据直接全局平差可极大减少运算时间。迭代运算，达到精度指标后停止。

（7）控制平差，利用地面控制点或高精度 POS 点辅助计算，针对自由网空三结果进行绝对定向运算，求解外、内方位元素，确定立体模型比例尺和在地面坐标系中所处方位，最终实现测区内精度均匀、达标。

2.5.3.2 实景三维重建算法流程

三维重建是指对三维物体建立适合计算机表示和处理的数学模型，是在计算机环境下对其进行处理、操作和分析其性质的基础，也是在计算机中建立表达客观世界的虚拟现实的关键技术。三维物体的对象非常广泛，有以数字城市为目的的城市环境模型重建，建筑物、文物或艺术品的模型重建，以及大型室内环境的模型重建和医学图像的三维表面模型重建等。重建出的三维模型具有高精度的几何信息和真实感的颜色信息，在虚拟现实、城市规划、地形测量、文物保护、三维动画游戏、电影特技制作及医学等领域有着广泛的应用前景。随着"元宇宙"概念及相关产业的建立完善，三维重建算法在构建数字孪生世界领域也能发挥重大作用。

基于立体视觉的三维重建方法可以归纳为五个步骤（如图 2-38 所示）：密集匹配、三维构网、网格优化、纹理映射、LOD（Levels of Detail 的简称，意为多细节层次显示）。

图 2-38 三维重建算法流程图

（1）密集匹配（如图 2-39 所示），无人机测量的原始数据经过相机标定，每张影像都可得到相应的内外方位元素，经过空三计算，可得到初始的稀疏点云。密集匹配的目的是利用这些影像、影像的内外方位元素以及空三所得稀疏点云重建目标区域的密集点云，这是三维重建的重难点。

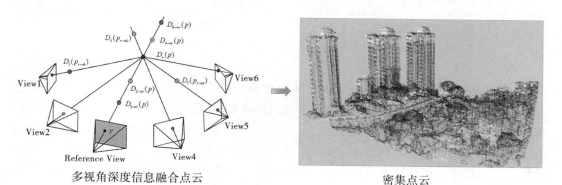

多视角深度信息融合点云   密集点云

图 2-39 密集匹配示意图

（2）三维构网（如图 2-40 所示），利用密集匹配获取的密集点云进行三维构网是三维重建的关键步骤。国内外常用的构网方法有泊松构网、移动最小二乘构网、图割构网等。三维构网主要面临的问题：弱纹理区域的重建、噪声影响、数据冗余问题、精度效率问题等。

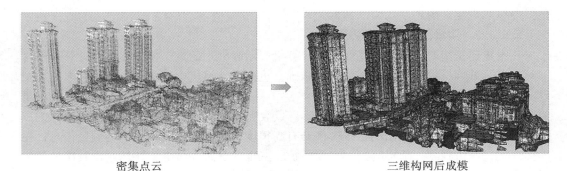

密集点云　　　　　　　　　　　　　三维构网后成模

图 2-40　三维构网示意图

（3）网格优化（如图 2-41 所示），由点云构建的 Mesh 模型通常是重建了一个近似的表面。由于影像的分辨率不一致、存在噪声和遮挡等问题，重建的 Mesh 模型存在局部变形、棱角不突出和三角网密度不一致等现象。因此，构建的 Mesh 模型需要再次利用原始影像信息弥补重建过程中的信息损失，即网格优化。

三维构网后的模型　　　　　　　　　（优化后的）三维表面模型

图 2-41　网格优化示意图

（4）纹理映射（如图 2-42 所示），是多视影像三维重建的最后一个步骤，是增强模型真实感、丰富模型细节的重要步骤。根据纹理映射原理，将其分为三个步骤：最佳影像选取、纹理匀光匀色、纹理块排列。

（5）LOD（如图 2-43、图 2-44 所示），即三维模型多细节层次显示。LOD 技术指根据模型的节点在显示环境中所处的位置和重要度，决定模型渲染的资源分配，降低非重要物体的面数和细节度，从而获得高效率的渲染运算。为了加速每一视角的三维模型刷新频率，实现快速显示的目的，需要构建不同层级分辨率的纹理块，方便 LOD 快速加载模型、流畅显示。

(优化后的)三维表面模型 三维纹理模型

图 2-42 纹理映射示意图

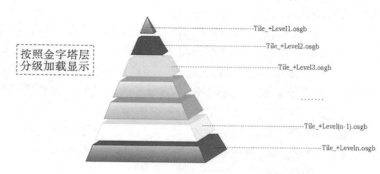

图 2-43 三维模型多层级显示原理图

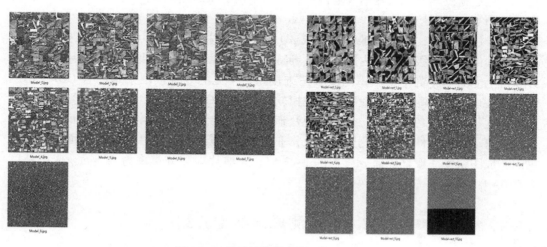

图 2-44 多层级分辨率纹理块展示图

2.5.4　裸眼三维采集

随着科技不断发展，测绘技术不断更新，地形图测量方法由传统平板白纸测图、经纬仪测图、传统航空摄影测量发展到现在的全站仪、GNSS、数字摄影测量等技术方法，后者是数字化成图，在精度和效率上都有很大提高。近年来，天、空、地一体化测绘技术飞速发展，倾斜摄影测量因其能快速、高效获取地面高分辨率、高重叠度及全视角的影像数据信息，推动着地形测量向高科技、立体图形、内业测绘方向发生革命性的变化。该技术通过无人机搭载摇摆双镜头、五镜头等从不同视角同步采集数据，颠覆了传统正射摄影从垂直角度进行摄影的局限性。利用实景三维模型或精细模型"裸眼"测图，可轻松满足 1∶500~1∶2000 地形测绘，减少 80% 以上外业工作量，测图效率提高 3~5 倍，大幅降低生产成本，提高成图效率和成图质量，必将取代传统须佩戴 3D 眼镜的航测立体测图模式。

相较传统测绘，裸眼 3D 测图的数据采集模式有一些显著的优势：

(1)实景三维采集，数据获取更加丰富。

基于倾斜摄影实景三维、精细三维模型进行采集。相对于传统测绘方式，节省了 80% 以上的野外采集、调绘工作，缩短了成图周期，大幅度降低了生产成本。

(2)生产效率最大化，生产工艺更简单。

裸眼 3D 测图相对传统立体测图更直观，硬件门槛更低，普通笔记本电脑即可满足测图需求，软件操作更加简单，内外业人员都可轻松航测。

(3)工作环境安全人性。

裸眼 3D 测图通过实景模型测图，测绘人员避免了危险作业。不需要再爬上高高的建筑物；不需要游走在高速路上；不需要攀上崇山峻岭；不用去易燃易爆、高压等危险地区；通过新技术实现大量的外业内置，刮风下雨、天寒地冻等天气也能正常作业，把实景搬回家，实现按需测绘。

需要注意的是，实景三维模型裸眼 3D 测图一般采用开源的 OSGB 三维模型格式，具有分片保存、多级模型、内嵌坐标系等特性，对计算机硬件的要求不高，甚至在一台计算机上能顺畅浏览整个城镇的实景三维模型。常见的三维模型格式还有 OBJ、3DS、DAE、OSG 等，在测图前一般要利用建模软件转换为 OSGB 格式。实景三维测图模型的成图精度与航拍设备、天气、光照、航片地面分辨率、航片重叠度、航拍倾角、像控点布设、自动建模软件、三维测图软件及作业人员等因素相关。其中，航片地面分辨率是主因，成图精度一般是地面分辨率的 2~3 倍，如航片地面分辨率为 1.5cm，成图精度为 3.0~4.5cm。

2.6　航测成果类型介绍

无人机航测的目标是通过无人机获取目标区域影像，进而获取目标区域的三维地理信息模型。三维地理信息模型包含丰富的内容。

2.6.1 数字正射影像图(DOM)

通过无人机获取目标区域影像，进而获取目标区域的整张正射影像无疑是三维地理信息模型的重要内容之一。

在进行航空摄影时，由于无法保证摄影瞬间航摄相机的绝对水平，得到的影像是一个倾斜投影的像片，像片各个部分的比例尺不一致；此外，根据光学成像原理，相机成像时是按照中心投影方式成像的，这样地面上的高低起伏在像片上就会存在投影差。要使影像具有地图的特性，需要对影像进行倾斜纠正和投影差的改正，经改正，消除各种变形后得到的平行光投影的影像就是数字正射影像(Digital Orthophoto Model，DOM)。

作为数字摄影测量的主要产品之一的数字正射影像有如下特点：

(1)数字化数据。用户可按需要对比例尺进行任意调整、输出，也可对分辨率及数据量进行调整，直接为城市规划、土地管理等用图部门以及 GIS 用户服务，同时便于数据传输、共享、制版印刷。

(2)信息丰富。数字正射影像信息量大、地物直观、层次丰富、色彩(灰度)准确、易于判读。应用于城市规划、土地管理、绿地调查等方面时，可直接从图上了解或量测所需数据和资料，甚至能得到实地踏勘所无法得到的信息和数据，从而减少现场踏勘的时间，提高工作效率。

(3)专业信息。数字正射影像同时还具有遥感专业信息，通过计算机图像处理可进行各种专业信息的提取、统计与分析。如农作物、绿地的调查，森林的生长及病虫害，水体及环境的污染，道路、地区面积统计等。

传统的数字正射影像生产过程包括航空摄影、外业控制点的测量、内业的空中三角测量加密、DEM 的生成和数字正射影像的生成及镶嵌。

正射影像制作最根本的理论基础就是构像方程：

$$\begin{cases} x = -f\dfrac{a_1(X_g - X_0) + b_1(Y_g - Y_0) + c_1(Z_g - Z_0)}{a_3(X_g - X_0) + b_3(Y_g - Y_0) + c_3(Z_g - Z_0)} \\ y = -f\dfrac{a_2(X_g - X_0) + b_2(Y_g - Y_0) + c_2(Z_g - Z_0)}{a_3(X_g - X_0) + b_3(Y_g - Y_0) + c_3(Z_g - Z_0)} \end{cases} \tag{2-44}$$

构像方程建立了物方点(地面点)和像方点(影像点)的数学关系，根据这个关系式，任意物方点都可以在影像上找到像点。正射影像的采集过程基本上就是获取物方点的像点过程，其原理如图 2-45 所示。

1. 正射影像制作

正射影像制作过程就是一个微分纠正的过程。传统方法的摄影测量中微分纠正利用光学方法纠正图像。例如在模拟摄影测量中应用纠正仪将航摄像片纠正为像片平面图，在解析摄影测量中利用正射投影仪制作正射影像地图。随着近代遥感技术中许多新的传感器的出现，产生了不同于经典的框幅式航摄像片的影像，使得经典的光学纠正仪器难以适应这些影像的纠正任务，而且这些影像中有许多本身就是数字影像，不便使用这些光学纠正仪器。使用数字影像处理技术，不仅便于影像增强、反差调整等，而且可以非常灵活地应用到影像的几何变换中，形成数字微分纠正技术。根据有关的参数与数字地

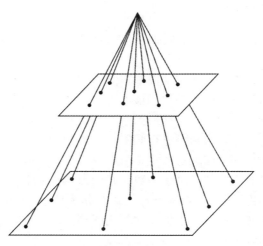

图 2-45　构像方程原理图

面模型，利用相应的构像方程式，或按一定的数学模型用控制点解算，从原始非正射投影的数字影像获取正射影像，这种过程是将影像化为很多微小的区域逐一进行，且使用的是数字方式处理。

正射影像制作过程中，为了保证最终提交成果的效果，在制作过程中需要注意以下几点：

（1）影像整体色彩、亮度保持一致。可以在空三之前将原始影像进行匀光匀色处理。在匀光匀色过程中可以使用以下方法：利用模板对原单张影像进行处理；也可以在成果完成后，使用 Photoshop 对成果进行局部色彩调整，保持成果整体效果一致。

（2）成果精度。正射影像除了影像的直观性，还有矢量数据的可量测性，在成果完成后要对成果的精度进行检测，满足对应比例尺的精度要求。

（3）逻辑关系一致。正射影像成果完成后要对正射影像的每一处地物进行检测，重点检测房屋、道路的逻辑关系一致，保证房屋、道路不能有扭曲、拉花、错误的物理逻辑关系的情况。

正射影像起着重要的基础数据信息层的作用，而在应用过程中，当研究区域处于几幅图像的交界处或研究区很大，需多幅图像才能覆盖时，图像的拼接就必不可少了。如果对相邻影像间的辐射度的差异不做任何处理而进行影像拼接时，往往会在拼接线处产生假边界，这种假边界会给影像的判读带来困难和误导，同时也影响了影像地图的整体效果。此外，在影像的获取过程中，由于各种环境因素使得每条航带内的影像和航带间相互连接的影像都存在色差、亮度等多方面不同程度的差异，故我们生产正射影像制作中需要用软件来对影像进行处理。

2. 正射影像精度评定

影响正射影像精度的原因是多方面的，对于正射影像的成图检查也要从对生产过程的监督入手，检查各工序的作业程序是否符合国家、行业规范以及设计书的要求，各项精度指标是否达到要求，正射影像的生产是否做到有序进行等。

正射影像精度评定的方法主要如下：

（1）采用间距法进行检查，将正射影像图与数字线划图叠加。

①通过量取正射影像图上明显地物点坐标，与数字化地图上同名点坐标相比较，以评定平面位置精度。地形图采用同精度或者高于本项目比例尺地形图。

②通过对同期加密成果恢复立体模型所采集的明显地物点，与正射影像同名地物点相比较，以评定平面位置精度。

③通过野外 GNSS 采集明显地物点，与影像同名地物点相比较，以评定平面位置精度。检测仪器应采用不低于相应测量精度要求的 GNSS-RTK 接收机、全站仪。

根据图幅具体情况，选取明显同名地物点，所选取的点位尽量分布均匀，每幅图采集的点数原则上不少于 20 个点，计算相邻地物间中误差。

（2）接边检查。

①精度检查：取相邻两数字正射影像图重叠区域处同名点，读取同名点的坐标，检查同名点的较差是否符合限差，作为评定接边精度的依据。

②接边处影像检查：通过计算机目视检查，目视法检测相邻数字正射影像图幅接边处影像的亮度、反差、色彩是否基本一致，是否无明显失真、偏色现象。

（3）影像质量检查。

通过对正射影像图进行计算机目视检查。图幅内应具备以下特点：反差适中，色调均匀，纹理清楚，层次丰富，无明显失真、偏色现象，无明显镶嵌接缝及调整痕迹，无因影像缺损（纹理不清、噪音、影像模糊、影像扭曲、错开、裂缝、漏洞、污点划痕等）而造成无法判读影像信息和精度的损失。

经实践验证，以上 3 种方法均为检查正射影像质量行之有效的方法。

2.6.2 数字高程模型（DEM）

三维地形通常通过大量地面点空间坐标和地形属性数据来描述。数字地面模型（Digital Terrain Model，DTM）是地形表面形态等多种信息的一个数字表示。严格地说，DTM 是定义在某一区域 D 上的 m 维向量有限序列，用函数的形式描述为：

$$\{V_i, I = 1, 2, \cdots, n\}$$

其向量 $V_i = (V_{i_1}, V_{i_2}, \cdots, V_{i_n})$ 的分量为地形、资源、土地利用、人口分布等多种信息的定量或定性描述。若只考虑 DTM 的地形分量，通常称其为数字高程模型（Digital Elevation Model，DEM）。

测绘学从地形测绘角度来研究数字地面模型，一般仅把基本地形图中的地理要素，特别是高程信息，作为数字地面模型的内容。通过储存在介质上的大量地面点空间坐标和地形属性数据，以数字形式来描述地形地貌。正因为如此，很多测绘学家将"Terrain"一词理解为地形，称 DTM 为数字地形模型，而且在不少场合，把数字地面模型和数字高程模型等同看待。

从 1972 年起，国际摄影测量与遥感学会（ISPRS）一直把 DEM 作为主题，组织工作组进行国际性合作研究。DEM 是多学科交叉与渗透的高科技产物，已在测绘、资源与环境、灾害防治、国防等与地形分析有关的各个领域发挥着越来越大的作用，也在国防建设与国民生产中有很高的利用价值。例如，在民用和军用的工程项目中计算挖填土石方量；为武器精确制导进行地形匹配；为军事目的显示地形景观；进行越野通视情况分析；道路设计的路线选择、地址选择等。

DEM 主要有三种表示模型：规则格网模型（Grid）、等高线模型（Contour）和不规则三角网模型（Triangulated Irregular Network，TIN）。但这三种不同数据结构的 DEM 表征方式在数据存储以及空间关系等方面，则各有优劣。TIN 和 Grid 都是应用最广泛的连续表面数字表示的数据结构。TIN 的优点是能较好地顾及地貌特征点、线，表示复杂地形表面比矩形格网精确，其缺点是数据存储与操作复杂。Grid 的优点不言而喻，如结构十分简单、数据存储量很小、各种分析与计算非常方便有效等。

2.6.3　数字地表模型（DSM）

数字地表模型（Digital Surface Model，DSM）是指包含了地表建筑物、桥梁和树木等高度的地面高程模型。和 DEM 相比，DEM 只包含了地形的高程信息，并未包含其他地表信息，DSM 是在 DEM 的基础上，进一步涵盖了除地面以外的其他地表信息的高程。在一些对建筑物或树木高度有需求的领域，得到了很大程度的重视。

DSM 表示的是最真实的地面起伏情况，可广泛应用于各行各业。如在森林地区，可以用于检测森林的生长情况；在城区，DSM 可以用于检查城市的发展情况；军事领域的巡航导弹在低空飞行过程中，不仅需要数字地面模型，更需要的是数字表面模型，这样才有可能使巡航导弹不会触碰森林而引爆。

2.6.4　实景三维模型

随着成像技术和计算机技术的不断发展，通过序列二维图像进行三维重建认知三维世界的应用需求也与日俱增。无人机平台可以获取关于目标场景大量的序列图像，通过序列图像的三维信息解析，可以获得准确的目标位置、形貌、三维结构等信息，对于现代战争以及遥感测绘都具有重要意义。从最初的机器人视觉导航到目前日益流行的计算机三维游戏、视频特技、互联网虚拟漫游、电子商务、虚拟现实等应用，如何更逼真、简便地获得真实世界的三维模型，促使计算机视觉研究者们不断地完善现有的方法以及提出新的算法。

在军事方面，通过无人机机载序列图像三维重建技术，获取战场高精度的三维地形地貌是取得战争胜利的重要情报保障；根据三维重建实现目标识别与定位，也是高技术条件下打赢"坐标战"的重要前提。

在民用方面，通过无人机对地序列成像实现三维地形测绘已是遥感技术非常重要的手段，并成为某些特定条件下不可替代的测绘新手段。与传统的数字摄影测量需要严格的标定和复杂的过程不同，无人机成像具有成本低、使用灵活、作业周期短等特点，基于序列图的三维重建技术通过对二维序列成像的分析，利用序列图像自身的内在约束，可以自动化实现场景目标的三维测量。这一技术在 CAD 逆向工程、现场测量、三维城市重建等方面具有十分重要和广阔的应用前景。

目前，无人机航测技术生产的实景三维模型还具有纹理信息丰富、分辨率较高、边缘精度较高、成本低等优势。

2.6.5　数字线划图(DLG)

无人机测绘的目标是通过无人机获取目标区域影像进而获取目标区域的三维地理信息模型，对于目标区域的地物如房屋、道路等设施，无疑需要精确地测量其轮廓坐标。所有目标区域中的地物信息、地貌信息都采用矢量线进行描述，由这些矢量线组成的图，称为数字线划地图(Digital Line Graphic，DLG)。它是一种地图全要素矢量数据集，且保存各要素间的空间关系和属性信息。

数字线划地图(DLG)产品可满足各种空间分析要求，可随机地进行数据选取和显示，与其他信息叠加，可进行空间分析、决策。其中部分地形核心要素可作为数字正射影像地形图中的线划地形要素。数字线划地图是一种可更方便地放大、漫游、查询、检查、量测、叠加的地图。其数据量小，便于分层，能快速地生成专题地图，所以也称作矢量专题信息(Digital Thematic Information，DTI)。

数字线划地图的技术特征为：地图地理内容、分幅、投影、精度、坐标系统与同比例尺地形图一致。数字线划地图的生产主要采用外业数据采集、航片、高分辨率卫片、地形图、三维模型等。它的生产过程就是地理要素的采集过程，通常称为三维立体测图或数字化测图，简称测图。测图是一个人机交互的过程，需要作业人员对影像中的目标逐个描出来，并赋予属性。采集的过程有可能是反复的，采集了错误的点或输入了错误属性，就需要编辑修改为正确的。目前中国的地形要素主要分为8大类，46中类。大类有：①定位基础；②水系；③居民地及设施；④交通；⑤管线；⑥境界与政区；⑦地貌；⑧植被与土质。

由于测图的矢量数据应用了属性码等各种描述对象的特性与空间关系的信息码，因而较容易输入一定的数据库，这需要根据数据库的数据格式要求，做适当的数据转换，这个工作一般称为入库。入库是数字线划图应用与空间分析的前提，而由于数字线划图数据模型与GIS数据模型存在差异性，目前的GIS软件还无法直接对单独的DLG文件进行如空间查询、分析等各种操作。这种文件管理方式将大大降低空间数据的利用效率，同时阻碍空间数据的共享进展。故而采用不同测图软件所获得的数据要入库通常需要通过格式转换才能完成。

习题及思考题

1. 禁飞区和限飞区的定义及区别，常见的禁飞区有哪些？
2. 什么是保密测绘成果？测绘成果保密需遵守的法律法规有哪些？
3. 航测相关的国家秘密事项有哪些？
4. 比例尺的定义。相机主距固定时，影响比例尺的主要因素是什么？
5. 航向重叠度和旁向重叠度的定义。无人机航测作业的重叠度一般是多少？
6. 简述数字影像分辨率的定义。

7. 中国北斗系统相对于美国 GPS 的优势有哪些？

8. RTK、PPK 技术分别指的是什么？在无人机航测中有哪些应用？

9. CGCS2000 坐标系指的是什么？

10. 简述内、外方位元素的定义。

11. 简述三维重建算法步骤。

12. 裸眼 3D 测图的优势有哪些？

13. 常见的航测成果类型有哪些？

第3章　无人机航测系统构成

一个完整的无人机航测系统不仅要有飞行平台，还要有配套的传感器、影像数据处理系统等组件才能顺利进行航测作业。本单元以 SF600 航测多旋翼无人机系统、MF2500 航测垂直起降固定翼无人机系统、SouthUAV 航测数据一体化平台软件介绍为主，辅以若干其他类型无人机或软件介绍，侧重介绍航测作业系统构成。

3.1　多旋翼无人机硬件系统构成

SF600 无人机是一款轻型专业航测四旋翼无人机，如图 3-1 所示。轴距 600mm，最大起飞重量 3.5kg，搭配高精度差分测量系统，支持 RTK/PPK 作业模式。电池容量 12000mAh，空载续航时间 60min，具体参数如表 3-1 所示。

图 3-1　SF600 多旋翼无人机示意图

表 3-1　　　　　　　　　　　　SF600 多旋翼无人机参数表

参数类别	规 格 参 数
机身材质及结构	碳纤维+玻璃钢纤维四旋翼飞行器，工型机身设计，折叠螺旋桨结构
对称电机轴距	600mm
空机重量	2kg

续表

参数类别	规格参数
起飞重量	3kg
最大起飞重量	3.5kg
正射作业飞行速度	12m/s
正射作业时间	45min
空机续航时间	60min
悬停精度	水平 $1cm\pm1\times10^{-6}$；垂直 $2cm\pm1\times10^{-6}$
抗风能力	5 级
智能功能	可跟随地形仿地飞行，标配 30m DEM 数据； 标配前视毫米波雷达避障，避障距离≥40m； 支持下视激光测距，测距距离≥12m； 支持一键起飞、一键降落、航线规划和一键返航功能； 具备断点续飞功能； 双冗余定位系统，支持机载 PPK、RTK，标配支持高精度差分 GNSS 观测数据记录
差分模块频段跟踪	BDS+GPS+GLONASS+GALILEO
PPK 频率	5Hz/10Hz/20Hz
RTK 频率	100Hz

无人机硬件系统主要由机体、飞控系统、遥控系统(地面站)、高精度差分系统、动力系统构成，如图 3-2 所示。机体主要由机臂、中心板和脚架等组成，也有采用一体化设计的机架。机架的主要功能是承载其他构件的安装。

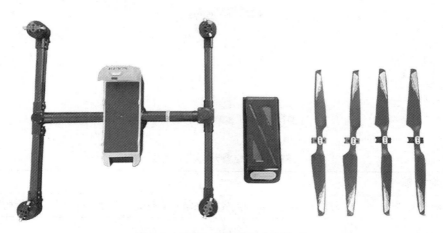

图 3-2　SF600 多旋翼无人机构成

飞控系统主要由陀螺仪、加速度计、角速度计、气压计、GPS、指南针和控制电路等组成，主要功能是计算并调整无人机的飞行姿态，控制无人机自主或半自主飞行，具体关系如图 3-3 所示。

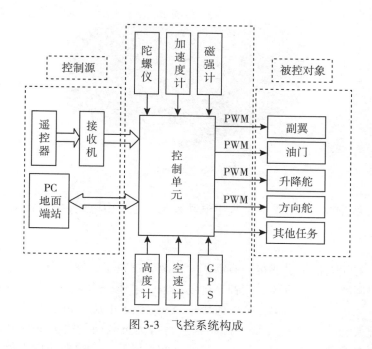

图 3-3　飞控系统构成

遥控系统(地面站)是集平板、遥控器(如图 3-4 所示)于一体的地面控制系统，实现数图控三合一高度集成。配备 South GS App，提供航点飞行、航带飞行、摄影测量、仿地飞行、断点续飞等多种航线规划模式；支持 KML/KMZ 文件导入，适用于不同航测应用场景。

图 3-4　遥控器

高精度差分系统(如图 3-5 所示为差分盒子)采用先进的 RTK/PPK 后差分处理技术,通过优化操作流程,为航空摄影测量提供厘米级精度。

图 3-5　差分盒子

多旋翼无人机的动力系统通常采用电动系统,主要由电池、电调、电动机和螺旋桨 4 个部分组成。

1. 电池

电池主要为无人机提供能量,有镍镉、镍氢、锂离子、锂聚合物电池。考虑到电池的重量和效率问题,无人机多采用锂聚合物电池,电压分为额定电压、开路电压、工作电压和充电电压等,符号为 U,单位为伏特(V)。额定电压是指电池工作时公认的标准电压,例如锂聚合物电池为 3.7V;开路电压是指无负载使用情况下的电池电压;工作电压是指电池在负载工作情况下的放电电压,它通常是一个电压范围,例如锂聚合物电池的工作电压为 3.7~4.2V;充电电压是指外电路电压对电池进行充电时的电压,一般充电电压要大于电池开路电压。电池容量是指电池储存电量的大小,电池容量分为实际容量、额定容量、理论容量,符号为 C,单位为毫安时(mAh)。实际容量是指在一定放电条件下,在终止电压前电池能够放出的电量;额定容量是指电池在生产和设计时,规定的在一定放电条件下电池能够放出的最低电量;理论容量是指根据电池中参加化学反应的物质计算出的电量。电池倍率,一般充放电电流的大小常用充放电倍率来表示,即充放电倍率=充放电电流/额定容量,符号为 C。例如,额定容量为 10mAh 的电池用 4A 放电时,其放电倍率为 0.4C;1000mAh,10C 的电池,最大放电电流 = 1000×10mA = 10000mA = 10A。

以 SF600 电池(如图 3-6 所示)为例,容量为 12000mAh,标称电压为 22.8V,满电电压为 26.1V。

2. 电调

电调(Electronic Speed Controller,ESC),全称电子调速器(如图 3-7 所示)。它的主要功能是将飞控板的控制信号进行功率放大,并向各开关管送去能使其饱和导通和可靠关断的驱动信号,以控制电动机的转速。因为电动机的电流是很

图 3-6　SF600 电池

大的，正常工作时通常为3~20A。飞控没有驱动无刷电动机的功能，需要电调将直流电源转换为三相电源，为无刷电动机供电。同时电调在多旋翼无人机中也充当了电压变化器的作用，将11.1V的电源电压转换为5V电压给飞控、遥控接收机供电，如果没有电调，飞控板根本无法承受这样大的电流。

图3-7 电子调速器

3. 电动机

电动机(如图3-8所示)旋转带动桨叶使无人机产生升力和推力，通过对电动机转速的控制，可使无人机完成各种飞行状态。有刷电动机中的电刷在电动机运转时产生电火花会对遥控无线电设备产生干扰，且电刷会产生摩擦力，噪声大，目前在无人机领域已较少使用，更多采用的是无刷电动机。外转子型无刷电动机的工作原理：电动机的转子在外面，而定子在内部，转子内侧有两个永久性磁铁，一个是N极，一个是S极，电动机的定子结构是线圈，也就是电磁铁，定子在内部是固定不动的。利用磁铁异性相吸的原理，给定子线圈通电，外面的转子由于异性相吸的原理会逆时针转动，让自己的N极靠近定子电磁铁的S极，自己的S极靠近定子电磁铁的N极。此时线圈停止通电，让下一个线圈通电，这样永磁铁就因异性相吸的原理继续逆时针转动追赶下一个电磁铁目标，前面有个电磁铁线圈在吸引永磁铁，后面有一个电磁铁线圈在推动永磁铁。在无刷电动机里，安装了霍尔传感器，能准确判断转子永磁铁的位置，及时将永磁铁的位置报告给定子线圈控制器，控制器就能根据该信息控制线圈电流流向。

4. 螺旋桨

螺旋桨安装在无刷电动机上，通过电动机旋转带动螺旋桨旋转。多旋翼无人机多采用定距螺旋桨，即桨距固定，以SF600为例(如图3-9所示)，定距螺旋桨从桨毂到桨尖安装角逐渐减小，这是因为半径越大的地方线速度越大，受到的空气反作用力就越大，容易造成螺旋桨因各处受力不均匀而折断。同时螺旋桨安装角随着半径增加而逐渐减小，能够使螺旋桨从桨毂到叶尖产生一致升力。

螺旋桨尺寸通常用"××××"型数字来表示，前两位数字表示螺旋桨直径，后两位数字表示螺旋桨螺距，单位均为英寸(in)，1in约等于2.54cm，螺距即桨叶旋转一圈

图 3-8　电动机

旋转平面移动的距离。

　　螺旋桨有正反桨之分，顺时针方向旋转的是正桨，逆时针方向旋转的是反桨。电动机与螺旋桨的配型原则：高 kV 值电动机配小桨，低 kV 值电动机配大桨。因为电动机 kV 值越小转动惯量越大，kV 值越大转动惯量越小，所以螺旋桨尺寸越大，产生的升力就越大，需要更大力量来驱动螺旋桨旋转，因此采用低 kV 值电动机；反之，螺旋桨越小，需要转速更快，才能达到足够升力，因此采用高 kV 值电动机。

反桨　　　　　　　　正桨

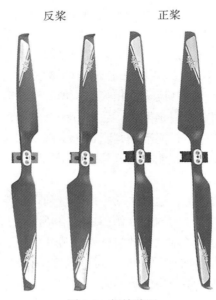

图 3-9　螺旋桨图

3.2 垂直起降固定翼无人机参数

MF2500 垂直起降固定翼无人机(如图 3-10 所示)采用多旋翼与双尾撑固定翼相结合的方式,兼具固定翼无人机航程大和多旋翼无人机便捷起降的特点,无须借助跑道和弹射架,对于起降场地要求小,可在山区、丘陵、高原等复杂地形区域顺利作业。

该型号全程自主飞行,只需在地面站规划好航线即可自行完成数据采集、飞行状态转换、垂直起降等飞行阶段,专为大面积航测设计的无人机飞行平台,具体参数如表 3-2 所示。

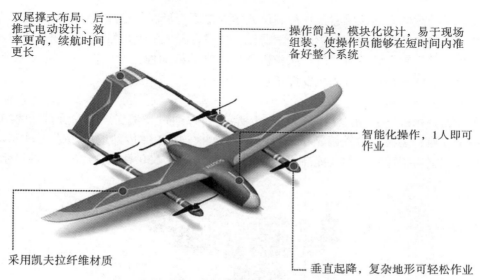

双尾撑式布局、后推式电动设计、效率更高,续航时间更长

操作简单,模块化设计,易于现场组装,使操作员能够在短时间内准备好整个系统

智能化操作,1人即可作业

采用凯夫拉纤维材质

垂直起降,复杂地形可轻松作业

图 3-10 MF2500 垂直起降固定翼无人机

表 3-2   **MF2500 垂直起降固定翼无人机参数表**

项　　目	参　　数
翼展/机身长度	2500mm/1480mm
起飞重量	11kg
续航时间	2.5h
最大航程	180km
巡航速度	75km/h
抗风能力	6 级
实用升限	5500m
任务载荷	1~2kg
RTK/PPK 精度	$1cm+1\times10^{-6}$

3.3　无人机挂载传感器系统

挂载传感器系统也可称为任务载荷，大多无人机系统升空执行任务，通常需要搭载任务载荷。任务载荷的大小和重量是无人机设计时最重要的考虑因素。无人机航测系统常见的传感器设备有光学传感器（非量测型相机、量测型相机等）、红外传感器、多光谱传感器、倾斜摄影相机、机载激光雷达。SF600 航测无人机主要挂载正射光学传感器和倾斜摄影相机 2 种任务载荷。

3.3.1　光学传感器

无人机挂载的光学传感器是一种利用光学成像原理形成影像并使用底片或数码存储卡记录影像的设备，是用于摄影的光学器械，装载在无人机上拍摄地面景物来获取地面目标，也被称为航空照相机。航空照相机具有良好的机动性、时效性和低投入等优点，在航空遥感、测量和侦察等领域发挥了重要的作用。

1. S30 光电吊舱

单光云台相机（S30 光电吊舱如图 3-11 所示）可以通过光学变焦来查看目标的细节，主要用于巡检、监视、检查等领域。可随时随地将实时图像传到地面站或通过 4G/5G 网络传输到室内指挥室，大大提高了生产效率和安全性，S30 具体参数如表 3-3 所示。

图 3-11　S30 光电吊舱

表 3-3　　　　　　　　　　　　　　　　**S30 光电吊舱参数表**

产品名称	S30 光电吊舱
重量	842kg

产品名称	S30 光电吊舱
尺寸	175mm×100mm×162mm
传感器	CMOS：1/1.8″；总像素：600 万
镜头	30 倍光学变焦镜头 F：6~180mm
	光圈：1.5~4.3
	最小拍摄距离：10~1500mm（近焦~远焦）
图像存储格式	JPEG
视频存储格式	MP4
工作模式	录像；拍照
透雾	支持（自动开启）
分辨率	50Hz；25fps（2560×1920 像素）500 万
指点变焦	支持
指点变焦范围	1~30 倍光学

2. 双光吊舱

S640 是一款具有变焦（3.5 倍光学×4 倍数码）1200 万像素可见光机芯；640×480 分辨率、50Hz、25mm 镜头非制冷热成像机芯，具体参数如表 3-4 所示；具备目标跟踪功能的双光三轴云台相机。可广泛应用于巡检、勘察、监控等领域。如图 3-12 所示。

表 3-4　　　　　　　　　　**S640 双光变焦吊舱参数表**

产品名称	S640 双光变焦吊舱
重量	786g
尺寸	136mm×96mm×155mm
实时传输分辨率	热成像：640×480 像素　可见光：720P、1080P
智能目标跟踪	支持
传感器	CMOS：1/2.3″；总像素 1300 万
镜头	3.5 倍光学变焦镜头
	F：3.85~13.4mm
	最小拍摄距离：1~3m（近焦~远焦）
图像存储格式	JPEG
视频存储格式	MP4
工作模式	录像；拍照

续表

产品名称	S640 双光变焦吊舱
透雾	电子透雾+光学透雾（自动开启）
分辨率	30fps；25fps（3840×2160）800 万 最大抓拍分辨率：（4024×3036）1222 万
指点变焦	支持
指点变焦范围	1～3.5 倍光学　4 倍数码
热成像	
探测器类型	非制冷红外微测辐射热计
分辨率	640×480
帧频	50Hz
镜头	25mm 定焦镜头
F 数	1
数字变倍	1～8

图 3-12　S640 双光变焦吊舱

3．单镜头正射航测相机

无人机 S24/S42 单镜头相机，如图 3-13 所示，是一款具备增稳的小巧云台，能够提高正射影像采集的精度与效率，具体参数如表 3-5 所示。其特点如下：

（1）可满足高精度 DOM/DSM/DEM 等采集要求；

（2）相机全自动自检修复功能，无须外部软件或按键进行设置，避免丢片；

（3）每台相机逐一检校标定与对焦；

（4）可切换成 45°角，进行倾斜作业。

图 3-13 S24/S42 单镜头相机

表 3-5 **S24/S42 单镜头相机参数表**

S24 相机	参数	S42 相机	参数
重量	250g	重量	350g
相机数量	1	相机数量	1
像元尺寸	3.9μm	像元尺寸	4.5μm
相机画幅	ASP-C	相机画幅	全画幅
储存容量	256GB	储存容量	256GB
增稳方向	/	增稳方向	/
相机像素	2430 万	相机像素	4240 万
传感器尺寸	23.5mm×15.6mm	传感器尺寸	35.8mm×23.9mm
镜头焦距	35mm	镜头焦距	40mm
传输速度	80M/s	传输速度	80M/s

4. 五镜头倾斜相机传感器

无人机 T53P 倾斜相机(如图 3-14 所示),是一款具备增稳的小巧云台,能够提高倾斜影像采集的精度与效率,实现多平台搭载解决方案,具体参数如表 3-6 所示。其特点如下:

(1)可满足高精度 DOM/DSM/DEM 等采集要求;

(2)相机具备全自动自检修复功能,无须外部软件或按键进行设置,有效避免丢片;

(3)每台相机逐一检校标定;

(4)具备 5 位相机独立 POS;

（5）具有 Time Sync 功能；

（6）曝光间隔≥0.8s；

（7）高清 OLED 显示屏；

（8）支持后差分同步。

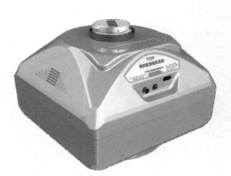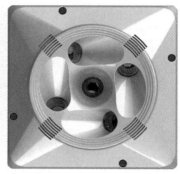

图 3-14　无人机 T53P 倾斜相机

表 3-6　　　　　　　　　　　　　　**T53P 倾斜相机参数表**

T53P 倾斜相机	参　　数
相机数量	5
相机画幅	APC-C
像元尺寸	3.9μm
单相机传感器尺寸	23.5mm×15.6mm
单相机像素	2430 万
总像素	1.2 亿
镜头焦距	正射 25mm，侧视 35mm
重量	730g
储存容量	1280GB
增稳方向	/
传输速度	300M/s

传感器通常需采用减震或震动隔离，常用方法有两种，一种是采用弹性/橡胶安装座，另一种是采用电子陀螺仪稳定系统，图 3-15 为弹性/橡胶安装座图。

3.3.2　红外传感器

红外传感器是以红外线为介质的测量系统，按照功能可分为 5 类：①辐射计，用于辐射和光谱测量；②搜索和跟踪系统，用于搜索和跟踪红外目标，确定其空间位置并对它的运动进行跟踪；③热成像系统，可产生整个目标红外辐射的分布图像；④红外测距

图 3-15　弹性/橡胶安装座图

和通信系统；⑤混合系统，是指以上各类系统中的两个或多个的组合。

按探测机理划分，红外传感器可分为光子型探测器和热探测器。光子型探测器是利用红外光电效应或内光电效应制成的辐射探测器。热探测器是指利用探测元件吸收入射的红外辐射能量而引起温升，在此基础上借助各种物理效应把温升转变为电量的一种探测器。

红外传感器是红外波段的光电成像设备，可将目标入射的红外辐射转换成对应像素的电子输出，最终形成目标的热辐射图像。红外传感器提高了无人机在夜间和恶劣环境条件下执行任务的能力。

3.3.3　机载激光雷达

激光雷达（LiDAR）是一种以激光为测量介质，基于计时测距机制的立体成像手段，属主动成像范畴，是一种新型快速测量系统，可以直接联测地面物体的三维坐标，系统作业不依赖自然光，不受航高阴影遮挡等限制，在地形测绘、气象测量、武器制导、飞行器着陆避障、林下伪装识别、森林资源测绘、浅滩测绘等领域有着广泛应用。

LiDAR 是可搭载在多种航空飞行平台上获取地表激光反射数据的机载激光扫描集成系统。该系统在飞行过程中同时记录激光的距离、强度、GNSS 定位和惯性定向信息。用户在测量型双频 GNSS 基站和后处理计算机工作站的辅助下，可以将雷达用于实际的生产项目中。后处理软件可以对经度、纬度、高程、强度数据进行快速处理。LiDAR 的工作原理是通过测量飞行器的位置数据（经度、纬度和高程）和姿态数据（滚动、俯仰和偏航），以及激光扫描仪到地面的距离和扫描角度，精确计算激光脉冲点的地面三维坐标。

作为一种主动成像技术，机载 LiDAR 在航空测绘领域具有如下特点：

（1）采用光学直接测距和姿态测量工作方式，被测对象的空间坐标解算方法相对简单，易于实现，单位数据量小，处理效率高，具有在线实时处理的开发潜力。

（2）由于采用了主动照明，成像过程受雾、霾等不利气象因素的影响小，作业时段不受白昼和黑夜的限制。因此，与传统的被动成像系统相比，环境适应能力比较强。

3.4　地面站系统

地面站系统具有对无人机飞行平台和任务载荷进行监控和操纵的能力，包含对无人机发射和回收控制的一组设备。

无人机地面控制站是整个无人机系统非常重要的组成部分，是地面操作人员直接与无人机交互的渠道。它包括任务规划、任务回放、实时监测、数字地图、通信数据链在内的集控制、通信、数据处理于一体的综合能力，是整个无人机系统的指挥控制中心。

地面站系统应具有下面几个典型的功能。

（1）飞行监控功能：无人机通过无线数据传输链路，下传无人机当前各状态信息。地面站将所有的飞行数据保存，并将主要的信息用虚拟仪表或其他控件显示，供地面操纵人员参考。同时根据飞机的状态，实时发送控制命令，操纵无人机飞行。

（2）地图导航功能：根据无人机下传的经纬度信息，将无人机的飞行轨迹标注在电子地图上。同时可以规划航点航线，观察无人机任务执行情况。

（3）任务回放功能：根据保存在数据库中的飞行数据，在任务结束后，使用回放功能可以详细地观察飞行过程中的每一个细节，检查任务执行效果。

（4）天线控制功能：地面控制站实时监控天线的轴角，根据天线返回的信息，对天线校零，使之能始终对准无人机，跟踪无人机飞行。

3.5　像控采集系统构成

3.5.1　RTK 测量系统

RTK 测量系统（如图 3-16 所示）主要由主机、手簿、配件、CORS 账号、软件系统等五大部分组成。以南方创享 RTK 测量系统为例，对 RTK 测量系统作详细介绍。

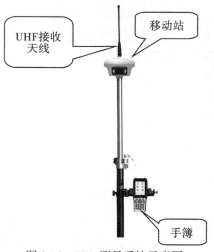

图 3-16　RTK 测量系统示意图

1. 主机

主机是 RTK 测量系统的重要组成部分，在接收卫星信号的同时，通过无线接收设备，接收基准站传输的数据，然后根据相对定位的原理，实时解算出移动站的三维坐标及其精度，即基准站和移动站坐标差 ΔX、ΔY、ΔH，加上基准坐标得到每个点的 WGS-84 坐标，通过坐标转换参数得出移动站每个点的平面坐标 X、Y 和海拔 H。

以南方创享 RTK 测量系统为例：主机呈圆柱形，直径 153mm，高 131.5mm，使用镁合金作为机身主体材料，整体美观大方、坚固耐用。采用触摸屏和双按键的组合设计，操作更为简单。机身底部具备常用的接口，方便使用，如图 3-17 至图 3-19 所示。

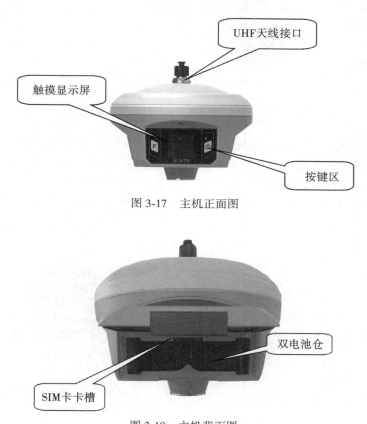

图 3-17　主机正面图

图 3-18　主机背面图

2. 手簿

手簿主要用于 RTK 测量系统的交互。通过手簿给 RTK 测量系统的主机发送相关命令，设置相关参数。

以南方 H6 手簿为例，H6 手簿作为南方完全自主研发生产的工业级全能型信息采集辅助终端，采用人体工程学设计，在保证舒适握持感的同时，配备 5.0 寸大屏幕和全功能数字、字母物理键盘，传承了南方测绘手簿的高性能，内置 9200mAh 锂电池，为测量提供持久动力。如图 3-20 所示。

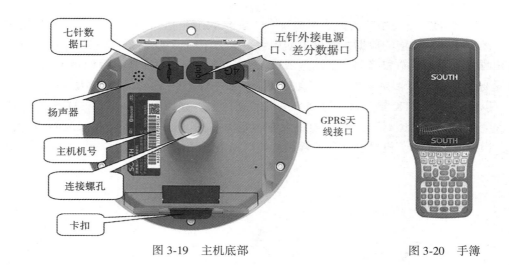

七针数据口

五针外接电源口、差分数据口

扬声器

GPRS天线接口

主机机号

连接螺孔

卡扣

图 3-19　主机底部　　　　　　　　　　图 3-20　手簿

3. 配件

配件是 RTK 测量系统使用过程中的辅助设备。为便于主机的运输、供电、架设安放、数据传输、数据下载、测高等工作而配备的设备。包括：仪器箱、充电器、差分天线、数据线、对中杆、手簿托架、连接器、测高片和卷尺等设备。

仪器箱主要用于仪器的包装和存放，既可以满足长途运输可靠安全的要求，又便于短距离施工携带。如图 3-21 所示。

图 3-21　仪器箱

充电设备主要为主机和手簿提供充电电源。如图 3-22 电池、图 3-23 充电适配器电源线、图 3-24 充电适配器电源所示。

差分天线：差分天线如图 3-25 所示，UHF 内置电台基准站模式和 UHF 内置电台移动站模式，需用到 UHF 差分天线。部分恶劣环境下请使用外置网络天线。（注意：使用外置网络天线时须进入主机 WebUI 后台进行天线选择切换。操作步骤："网络设置"→"GSM/GPRS 设置"→"天线选择"）。

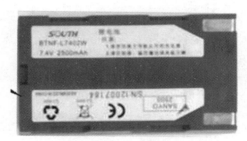

图 3-22 电池

图 3-23 充电适配器电源线

图 3-24 充电适配器电源

图 3-25 差分天线

对中杆：对中杆如图 3-26 所示，用于连接 RTK 主机设备，是能按铅垂方向直接指向地面标记点的可伸缩金属杆。

图 3-26 对中杆

4. CORS 账号

CORS 账号是为 RTK 主机提供获取差分服务的账号。主要参数包括：服务器 IP、端口、挂载点、用户名和密码。

以南方卫星导航高精度位置服务为例，CORS 账号的主要参数配置如表 3-7 所示。

表 3-7　　　　　　　　　　　　**CORS 账号的主要参数配置表**

服 务 概 述	
服务名称	南方卫星导航高精度位置服务
服务精度	厘米级定位服务
服务方式	NTrip 接入参数
技 术 指 标	
数据播发协议	NTrip 协议
数据播发格式	RTCM 3.×
频率	
服务 IP	219.135.151.185
端口	22711
挂载点	SINGLERTK（坐标框架 CGCS2000，参考历元 2000）
	NETRTK32（坐标框架 CGCS2000，参考历元 2000）
用户名	测试账号或者购买方式提供的用户名和密码

5. 软件系统

工程之星 5.0 安装包由一个 .apk 文件组成，用户可以通过数据线将 H6 手簿与电脑相连，然后把该安装包拷入手簿内部存储设备中，通过在手簿上找到该文件，点击运行该文件即可使用工程之星 5.0。一般在仪器出厂的时候都会给手簿预装上工程之星软件，用户在需要软件升级的时候直接覆盖以前的工程之星即可。如图 3-27 所示。

3.5.2　像控之星采集软件

像控之星软件（如图 3-28 所示）是专门为无人机航测行业项目所研发的一款包含像控点坐标采集、记录、拍照等相关信息收集的软件，可以实现地面采集坐标、拍照、收集像控点相关信息和成果输出等工作，能够简化测量员在内业成果数据处理上的繁琐流程，极大地提高测量员的工作效率。

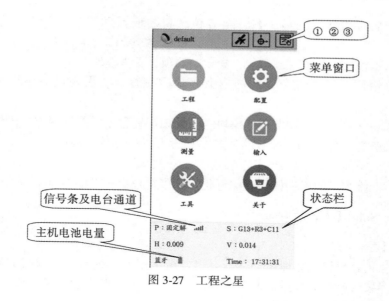

图 3-27　工程之星

图 3-28　像控之星

3.6　数据整理、处理软件

SouthUAV 航测一体化平台软件系统旨在实现针对航测数据的全流程一体化作业全覆盖，提供航测数据预处理、空三加密生成传统 4D 产品、三维模型数据的生产、基于实景三维模型或立体像对采集 DLG、航测成果数据叠加浏览应用的整体解决方案。所有航测数据处理的相关工作都可在本软件内对应的模块进行，极大地保障用户数据处理的连贯性，避免在不同软件间进行频繁切换的繁琐操作，有助于保持数据及流程的完整性与准确性，节省用户处理数据的时间，提高整体生产效率。

3.6.1　SouthUAV 软件平台特点

（1）一体化的航测数据处理解决方案，全流程覆盖。

（2）多样化的数据预处理工具，全方位、高效地帮助用户进行航测数据预处理工作。

（3）引入工程化的数据管理思想，集成航测项目管理模块。

（4）充分运用天云系统分布式的超大规模空三算法，大规模三维模型数据处理能力。

（5）集成多元数据叠加浏览展示模块，三维浏览视觉效果更直观与多样化。

（6）批量解算多架次 PPK 数据，支持多种无人机差分数据格式。

（7）一键质检航测数据质量，支持快拼 DOM 效果图。

（8）二、三维采集建库一体化、信息化与同步符号化，提供多样化的采集方式。

3.6.2　SouthUAV 软件功能介绍

1. 导入数据

引入工程化思想组织管理用户数据，形象展示架次、镜头、影像与 POS 关联逻辑对应关系，多架次多镜头数据管理更合理，支持一键导入南方倾斜相机数据，能适配其他品牌倾斜相机，测区真实高程值在线联网获取。

2. PPK 解算

平台直接针对多架次批量后差分解算，支持常用观测文件格式，支持南方、大疆等观测数据；基站仪器高、天线与相机相位差信息可在差分计算中直接改正。如图 3-29 所示为 PPK 解算界面图。

(架次解算主界面)

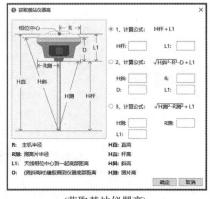

(获取基站仪器高)

图 3-29　PPK 解算界面图

3. 关联 POS

自动识别 POS 位置文件分隔符，可设置读取 POS 文件的起始行、与像片的匹配方式等，灵活、便捷地支持用户建立像片与 POS 数据关联。操作如图 3-30 所示。

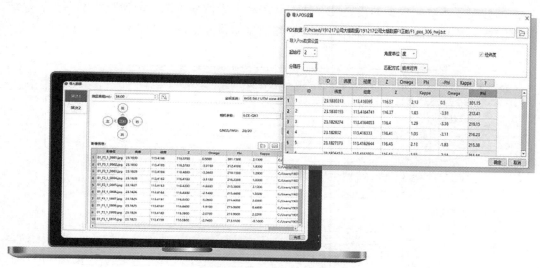

图 3-30 关联 POS 界面图

4. 批量重命名

提供兼具灵活性与高效率像片重命名功能，提供丰富的重命名模板，也支持自定义模板，高效进行多架次多镜头像片批量自动重命名工作。操作如图 3-31 所示。

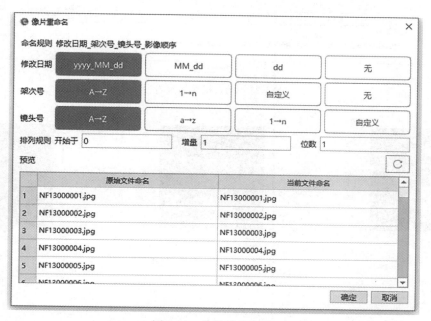

图 3-31 批量重命名图

5. 质检模块

质检功能可以帮助外业人员检查本次航测原始数据的质量，生成可存档的质检报告，可直观了解航测数据的重叠度、地面分辨率、影像预览图、影像重叠度图、质检结论等信息，及时帮助外业人员了解本次航测数据质量。如图 3-32、图 3-33 所示。

无人机数据质检报告

工程概况：

工程名称：	新建工程_20200415
作业时间：	2020-04-15
作业人员：	
架次数：	1
镜头数：	1
平均地面分辨率：	0.003601

匹配平差：

参与计算片数：	306
平差情况：	306 个成功，0 个失败
匹配像素点：	265219
标记：	53110
平均高程：	42.168

（工程概况图）

质检结论：

航飞要求：

成图比例尺	1∶500
成图分辨率	0.10 m
影像航向重叠度≥	50.000%
影响旁向重叠度≥	50.000%

质检结论：

测区平均分辨率为 0.003604 m，航向重叠度为：68.942%，旁向重叠度为：56.650%。

（质检结论图）

图 3-32　无人机质检报告图

（影像预览图）　　　　　　（数字表面模型预览图）　　　　　　（影像重叠度图）

图 3-33　无人机质检图

6. 空三加密

空三流程参考图 3-34，主要优点如下：

（1）智能算法：智能的空三特点算法、强大的粗差定位及剔除算法。

（2）POS 辅助：使用 POS 数据辅助平差，同时支持无 POS 数据的影像加密。

（3）畸变矫正：集成相机自动标定，支持改正无人机影像畸变差。

（4）操作便利：一键自动空三匹配、区域网平差、密集匹配；预测控制点、快捷刺点。

（5）性能强大：支持多核 CPU 并发处理，支持千张影像同时解算。

（6）成果多样：成果输出 DOM、DSM 及彩色点云、立体像对数据、POS 数据，应急航摄输出块拼图。

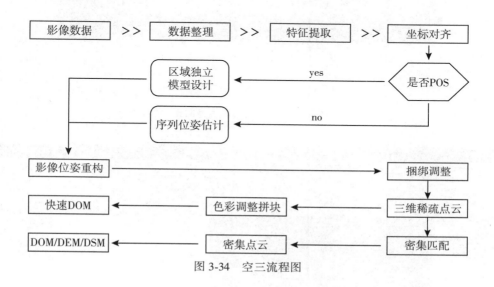

图 3-34　空三流程图

7. 多元数据叠加浏览

平台支持多元成果数据的叠加展示（如图 3-35 所示），包括在线地图、KML、SHP、CAD 等格式的矢量数据，TIF、IMG 等格式的栅格数据或 DEM 数据，OSGB、OBJ 等格式的倾斜实景数据或人工模型数据，提供诸多简单实用的小工具，用户可进行简单的三维测量分析、坐标转换等工作。

8. 三维测图功能

（1）系统提供空间和属性数据的浏览、查询、采集、编辑、管理、分析、制图输出等测绘和 GIS 的核心功能。系统包含三维采集模块，支持用户在实景三维模型上进行地物采集和成图等工作，并提供多种多样的量测和绘图工具，满足多样化绘图需求。如图 3-36 所示为数据采集图。

（2）提供多种矢量处理工具，可对矢量进行编辑、渲染、统计等操作。

（3）多数据源多窗口多视角协同作业。

（4）提供不同类型地物快速采集方法和策略，提高用户作图效率。

（5）二、三维采集建库一体化，信息化与同步符号化。

（6）对接最新国家标准编码与图式，绘制地物更规范与标准化。

（7）自动化提取房屋轮廓线，满足低精度的批量采集工作需求。

图 3-35 多元数据展示界面图

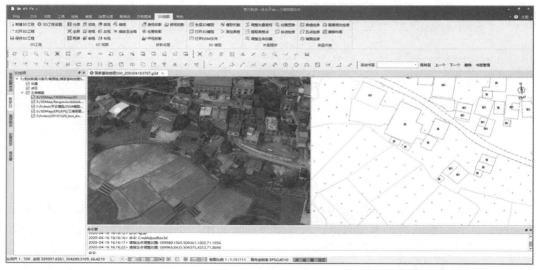

图 3-36 数据采集图

9. 支持多种实景测图模式

五大房屋绘制方式，实现地物快速采集，提高作图效率，如图 3-37 所示为采集房屋线划图。

（1）五点绘房：用于规则矩形房屋的快速绘制；

（2）偏移构面：实现阳台、飘楼等地物的便捷绘制；

（3）墙面绘房：自动计算角点，实现"以点带面"；

（4）房棱绘房：面向模型效果好、轮廓线清晰、形状特征明显的房屋绘制；

（5）面面相交绘房：自动计算房屋角点，用于角点非 90° 的房屋绘制。

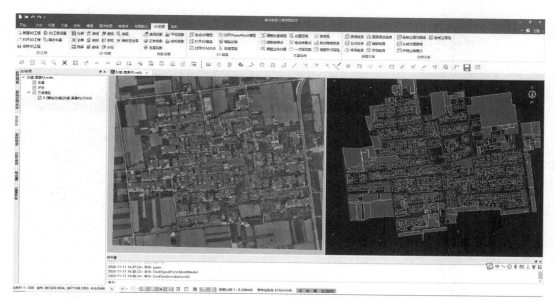

图 3-37　采集房屋线划图

10. 支持立面测图和数据质检功能

立面测图：提供全流程立面测图工具，全方位满足立面测图需求。如图 3-38 所示为立面采集界面图。

绘制立面范围线→生成立面图框→开启立面模式→绘制立面线→立面出图(用流程表示)。

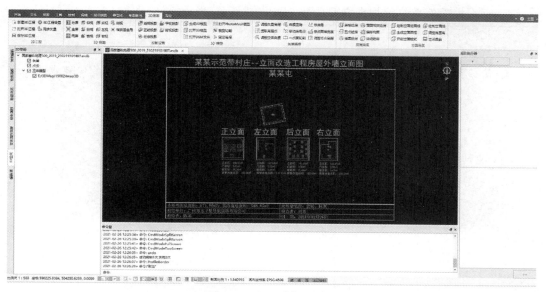

图 3-38　立面采集界面图

11. 质检模块

强大的数据处理引擎，提供丰富的元规则，可按需自由搭配实现数据自动处理，一键运行，高度自动化，满足多种质检要求，如图 3-39 所示。

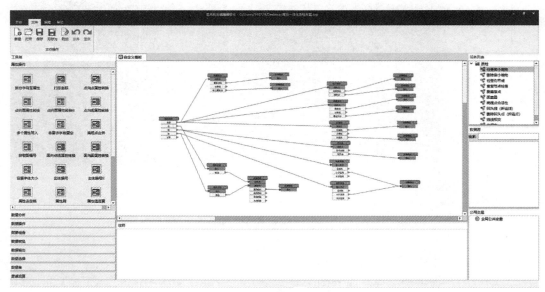

图 3-39　质检界面图

习题及思考题

1. 无人机硬件系统的构成有哪些？
2. 航测无人机系统可以挂载的传感器有哪些？
3. 简述地面站系统的典型功能。
4. 简述旋翼无人机和垂直起降固定翼无人机分别应用无人机航测时的优缺点。
5. 无人机航测系统中的软件系统有哪些？

第4章 航测外业数据获取

4.1 安全作业标准及外业数据获取规范

4.1.1 安全作业标准

1. 无人机飞行高度和航程

无人机飞行高度和总航程是影响飞行安全的重要指标，技术设计应符合以下要求：

（1）设计飞行高度应高于摄区和航路上最高点，需根据无人机类型设置冗余高度；

（2）设计航线总航程应小于无人机能到达的最远航程。无人机在航程内作业是保证安全飞行的重要原则，考虑到返航里程、应急情况等因素，航线规划时应保留合理航程冗余。

2. 实地采集信息

工作人员需对摄区或摄区周围进行实地踏勘，搜集地形地貌、地表植被以及周边的机场、重要设施、城镇布局、道路交通、人口密度等信息，为起降场地的选取、航线规划、应急预案制订等提供资料。

3. 起降场地坐标

实地踏勘时，应携带手持或车载 GPS 设备，记录起降场地和重要目标的坐标位置，结合已有的地图或影像资料，计算起降场地的高程，确定相对于起降场地的航摄飞行高度。

4. 场地选取

1）常规航摄作业

根据无人机的起降方式，寻找并选取适合的起降场地，非应急性质的航摄作业，起降场地应满足以下要求：

（1）距离军用、商用机场须在 10km 以上；

（2）起降场地相对平坦、通视良好；

（3）远离人口密集区，半径 200m 范围内不能有高压线、高大建筑物、重要设施等；

（4）起降场地地面应无明显凸起的岩石块、土坎、树桩，也无水塘、大沟渠等；

（5）附近应无正在使用的雷达站、微波中继、无线通信等干扰源，在不能确定的情况下，应测试信号的频率和强度，如对系统设备有干扰，须改变起降场地；

（6）无人机采用滑跑起飞、滑行降落的，滑跑路面条件应满足其性能指标要求。

（7）秉承遵纪守法的原则，不黑飞，自觉遵守法律法规和飞行场地当地规定。

2）应急航摄作业

灾害调查与监测等应急性质的航摄作业，在保证飞行安全的前提下，起降场地要求可适当放宽。

5. 规范化飞行检查和操控

根据设备生产厂家或飞行培训机构要求，对飞行检查和操控进行规范化培训并执行，具体包括：

1）飞行前检查

每次飞行前，须仔细检查设备的状态是否正常。检查工作应按照检查内容逐项进行，对直接影响飞行安全的无人机的动力系统、电气系统、执行机构以及航路点数据等应重点检查。每项内容须两名操作员同时检查或交叉检查并形成记录。

2）飞行操控

根据起飞阶段操控、飞行模式切换、视距内飞行操控、视距外飞行操控、降落阶段操控注意事项进行操作。

3）飞行后检查

对无人机飞行平台、机载设备、影像数据、差分数据等进行飞行后检查并形成记录，如果无人机以非正常姿态着陆并导致无人机损伤时，应优先检查受损部位。

4）飞行记录及资料整理

对飞行检查记录与飞行监控记录进行整理，对航摄飞行资料进行整理，填写相关的报表，对当天航摄作业情况进行总结，包括：人员工作情况、设备工作情况、航摄任务完成情况、后续工作计划及注意事项。

6. 建立相应的保障措施

针对操作人员技能要求、岗位要求、作业环境条件、飞行现场管理、飞行记录编制、应急预案编制、设备保养维护等方面，形成完善的保障措施。

4.1.2 外业数据获取规范

为了满足航测成图的需要，航测外业飞行所提交的航摄资料（主要是航摄像片），经检查验收后必须满足规范和协议规定的技术要求，用户方可接收。用户在检查、验收航摄资料时，除清点按合同要求应提供的资料名称和数量外，主要检查像片控制点测量质量、航摄负片的飞行质量、摄影质量、航测外业成果文件质量。

4.1.2.1 像控点质量规范

（1）像控点精度要求。平面控制点和平高控制点相对邻近基础控制点的平面位置中误差不应超过地物点平面位置中误差的 1/5。高程控制点和平高控制点相对邻近基础控制点的高程中误差不应超过基本等高距的 1/10。

（2）像控点整饰要求。平面控制点的实地判点精度为图上 0.1mm，点位目标应选在影像清晰的明显地物上，宜选在交角良好的细小线状地物交点、明显地物折角顶点、影像小于 0.2mm 的点状地物中心。弧形地物及阴影等不应选作点位目标。

（3）高程控制点的点位目标应选在高程变化较小的地方。

（4）平高控制点的点位要求。目标应同时满足平面和高程控制点对点位目标的要求。在点位目标难以保证室内判点精度的地区，航摄前应铺设地面标志。

（5）像控点的编号要求。基础控制点使用原有编号，像片控制点的编号由技术设计书作出具体统一规定。

4.1.2.2 飞行质量规范

1. 像片倾斜角要求

像片倾斜角是指航摄仪的主光轴与过镜头中心的铅垂线之间的夹角，用 α 表示。在目前条件下，所摄得的航摄像片难免有一定的倾斜，为了减小该因素对航测成图的不利影响，要求像片倾斜角一般不大于 2°，个别倾斜角最大不超过 3°。检查像片倾斜角是按圆水准器影像中气泡所处的位置来确定的，如 RC 型航摄仪，其圆水准器的分划是每圈 0.5°，圆水准器一共有 5 个分划，根据摄影后圆水准气泡偏离的圈数，可以读出像片倾斜角的度数，以此来判定像片倾斜角是否超限。

2. 航摄比例尺的要求

在确定航摄比例尺时往往与满足成图精度要求和提高经济效益之间存在一定的矛盾。比如，若航摄比例尺大，则点位的刺点和量测精度就高，同时也利于像片的判读、调绘，但航线数和像片数必然增多，摄影工作量大、经济效益降低；反之，若航摄比例尺较小，则对提高经济效益有利，但测图精度有时较难保证。所以，航摄比例尺应根据不同航摄地区的地形特点，在确保测图精度的前提下，本着有利于缩短成图周期、降低成本、提高测绘综合效益的原则在表 4-1 的范围内选择。

表 4-1　　　　　　　　　　　　航摄比例尺的选择

测图比例尺	航摄比例尺	航摄计划用图
1：500	1：2000～1：3000	1：10000
1：1000	1：4000～1：6000	1：10000 或 1：25000
1：2000	1：8000～1：12000	1：25000 或 1：50000
1：5000	1：10000～1：20000	
1：10000	1：20000～1：40000	
1：25000	1：25000～1：60000	1：100000 或 1：250000
1：50000	1：35000～1：80000	
1：100000	1：60000～1：100000	

从表 4-1 中可以看出，一般测绘小比例尺（如 1：100000）地形图时，航摄比例尺应大于测图比例尺；测绘中比例尺（如 1：50000）地形图时，航摄比例尺略大于或接近于测图比例尺；测绘大比例尺（如 1：10000 或更大）地形图时，航摄比例尺应小于测图比例尺。表 4-1 中"航摄计划用图"一栏为用户向航摄单位联系航摄任务时，所需提交的一定比例尺的地形图，该地形图既作航摄计划用，也作航摄领航及检查验收用。

3. 航高差的要求

一般来说，飞机在航空摄影时很难准确地保持在同一高度水平飞行，这样航摄像片之间会有航高差的存在。由于航高差的影响,航片之间的比例尺会有所差异,特别是当相邻航片之间的这种差别较大时,会影响立体观察和立体量测的精度。对于中小比例尺测图,规范要求同一航线上相邻像片的航高差不得大于 30m,最大航高和最小航高之差不应超过 50m,摄影分区内实际航高不应超出设计航高的 5%(实际航高指摄影时飞机实际的飞行高度,设计航高则指飞机计划飞行的高度)。

4. 像片重叠度的要求

为了满足航测成图的需要,考虑到航线网、区域网的构成及模型之间的连接等,要求相邻三张航摄像片应有公共重叠部分。航摄中,我们把相邻两张像片具有同一地面影像的部分称为重叠,可分为航向重叠和旁向重叠。航向重叠是指同一航线相邻像片之间的重叠,旁向重叠则是指相邻两条航线之间像片的重叠(如图 4-1 所示航摄像片的重叠),像片重叠的大小以重叠度表示,它是重叠部分长度与像幅大小之比的百分数,分为航向重叠度和旁向重叠度,可用下式表示:

$$P_x = \frac{q_x}{L} \times 100\%$$

$$P_y = \frac{q_y}{L} \times 100\%$$

(4-1)

式中:P_x、P_y 分别代表航向、旁向的重叠度;q_x、q_y 分别代表航向、旁向重叠部分的像片长度;L 代表像幅长度。

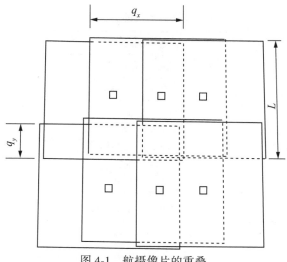

图 4-1　航摄像片的重叠

使用航摄仪作业时一般要求:航向重叠度(P_x)应为 60%~65%,个别最大不得大于75%,最小不得小于 56%。当个别像对的航向重叠度虽小于 56%,但大于 53%,且相邻像对的航向重叠度不小于 58%,能确保测图定向点和测绘工作边距像片边缘不小于1.5cm 时,可视为合格。旁向重叠度(P_y)应为 30%~35%,个别最小不得小于 13%。

在沿图幅中心线敷设航线,实现一张像片覆盖一幅图时,航向重叠度可加大到

80%～90%，且应保证图廓线距像片边缘至少大于 1.5cm。检查像片重叠度是否满足要求时，应以重叠部分最高地形部分为准。当像片航向或旁向的重叠度小于最小重叠度要求时，将可能产生"航摄漏洞"。航摄漏洞会给航测成图带来严重困难。重叠部分小到不能建立立体模型，但在单张像片应用范围内还有地面影像的称为航摄相对漏洞；否则，称为绝对漏洞。

5. 航线弯曲度的要求

航线弯曲是指航摄时飞机不能准确地在一条直线上飞行，实际航线呈曲线状。航线弯曲的大小用航线弯曲度 e 表示。航线弯曲度的确定方法如图 4-2 所示，首先把一条航线的像片按其重叠正确排好，然后用直尺量取该航线两端像片像主点之间的距离 L，同时也量出偏离该直线 L 最远的像主点之距 δ，两值之比的百分数即为航线的弯曲度 e，即

$$e = \delta/L \times 100\% \tag{4-2}$$

首先，航线弯曲度将影响像片的旁向重叠度，弯曲度太大，有可能产生航摄漏洞；其次，航线的不规则将增加航测作业的困难，影响航测内业加密精度。因此，规范规定航线弯曲度一般不应大于 3%。

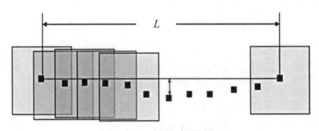

图 4-2 航线弯曲度

6. 像片旋偏角的要求

航摄像片的旋偏角是指相邻像片像主点的连线与航向两框标连线之间的夹角。旋偏角是航空摄影时航摄仪定向不准所产生的。当像片的旋偏角过大时，会使得像片重叠不正常，而且在一定程度上影响航空摄影测量内业测量的精度。所以，航摄像片的旋偏角要求一般不大于 6°，最大不超过 8°（且不得连续 3 片）。像片旋偏角是否满足要求，一般采用以下方法进行检查：首先在相邻像片上标出两个像主点位置，然后按像主点附近地物将两张像片重合，并将两个像主点分别转刺在相邻像片上，再用量角器分别量测出两张像片上的两像主点连线与沿航线方向框标连线的两个夹角，以其中最大的一个夹角为旋偏角。

7. 基准面地面分辨率的选择

各航摄分区基准面的地面分辨率应根据不同比例尺航摄成图的要求，结合分区的地形条件、测图等高距、航摄基高比及影像用途等，在确保成图精度的前提下，本着有利于缩短成图周期、降低成本、提高测绘综合效益的原则，在表 4-2 的范围内选择。

表 4-2 航摄基准面地面分辨率设计范围

测图比例尺	地面分辨率值/cm
1∶500	优于 5
1∶1000	优于 10，宜采用 8
1∶2000	优于 20，宜采用 16

8. 航摄分区的划分和基准面确定

航摄分区的划分和基准面确定应遵循以下原则：分区应兼顾考虑成图比例尺、飞行效率、飞行方向、飞行安全等因素；平地、丘陵地和山地分区内的高差不应大于 1/4 相对航高；高山地分区内的高差不应大于 1/3 相对航高；当按照上述规定分区，出现分区面积较小、零散破碎等情况导致飞行任务实施困难时，可按照最低点地面分辨率不应低于基准面分辨率 1.5 倍的原则重新分区，或者将摄区内分辨率超限面积占比不超过 10% 的多个小分区向相邻较大分区合并；分区的跨度应尽量划大，且完整覆盖摄区。

4.1.2.3　摄影质量规范

（1）航空摄影后所获得的航摄像片，首先要求目视检查时应满足影像清晰、色调一致、层次丰富、反差适中、灰雾度小。

（2）航摄像片上不应有云影、阴影、雪影。

（3）航摄像片上不应有斑点、擦痕、折伤及其他损伤。

（4）不应出现因机上振动、镜头污染、相机快门故障等引起影像模糊的现象。

（5）航摄像片上所有待摄影标志应齐全且清晰可辨。

（6）航摄像片应具有一定的现势性。

（7）像点位移一般不应大于 0.5 个像素，最大不应大于 1 个像素。

4.1.2.4　航测外业成果文件质量

（1）观测前和观测过程中应按要求及时填写各项内容，书写要认真细致，字迹清晰、工整、美观。

（2）测量手簿各项观测记录一律使用铅笔，不应刮、涂改，不应转抄或追记，如有读、记错误，可整齐划掉，将正确数据写在上面并注明原因。其中天线高、气象读数等原始记录不应连环涂改。

（3）手簿整饰，存储介质注记和各种计算一律使用蓝黑墨水书写。

（4）外业观测中接收机内存储介质上的数据文件应及时拷贝成一式两份，并在外存储介质外面适当处制贴标签，注明网区名、点名、点号、观测单元号、时段号、文件名、采集日期、测量手簿编号等。两份存储介质应分别保存在专人保管的防水、防静电的资料箱内。

（5）接收机内所存数据文件卸载到外存储介质上时，不应进行剔除、删改或编辑。

（6）测量手簿应事先连续编印页码并装订成册，不应缺损。其他记录应分别装订成册。

（7）航片存储，按照摄区、分区、航线建立目录分别存储，应采用移动硬盘等介质存储。

4.1.2.5 航测外业测量规范

航测外业测量国家制定相关规范文件，具体规范如表4-3所示。

表4-3   航测外业测量规范性文件

GB/T 7931	《1：500　1：1000　1：2000 地形图航空摄影测量外业规范》
GB/T 13923	《基础地理信息要素分类与代码》
GB/T 20257.1	《国家基本比例尺地图图式　第1部分：1：500　1：1000　1：2000 地形图图式》
GB/T 20258.1	《基础地理信息要素数据字典　第1部分：1：500　1：1000　1：2000 基础地理信息要素数据字典》
GB/T 24356	《测绘成果质量检查与验收》
CH/T 1004	《测绘技术设计规定》
CH/Z 3005	《低空数字航空摄影规范》
CH/Z 3004	《低空数字航空摄影测量外业规范》

4.2   外业数据获取流程

航测外业数据采集除采用专业设备，人员具备扎实的专业技术能力外，操作员更要具备爱岗敬业的热情、实事求是的作业态度、吃苦耐劳的优良作风、团队互助的精神。

为了提高飞行作业人员的工作能力和技术水平，进行针对性的业务技能学习和培训，通过作业实践不断地积累经验，共同提高自身素质和技术能力，在项目中严格执行质量标准和操作规程，为明确航测外业飞行作业要求，统一技术标准，保证飞行作业的安全和质量满足倾斜摄影工作的需要，制定本节。

正常情况下无人机倾斜摄影航测项目要求下达到无人机飞行作业组，有以下几点：

（1）与甲方所签订的合同中所规定的作业范围（最终以 KML 文件形式呈现）；

（2）测区内敏感区域如军事敏感区、机场禁飞区等（最终以 KML 文件形式呈现）；

（3）模型分辨率精度及地形图比例尺，例如，1：500 地形图 3cm 分辨率；

（4）飞行组规划航线时要达到的精度，例如，1.5cm；

（5）像片的航向与旁向重叠度，例如，80%/75%或 80%/60%；

（6）根据相机的成像效果要求的作业时的最低能见度、太阳光照度和最佳作业时间段（也可以由飞手自行参照《太阳高度计算的分析与应用》）。

无人机倾斜摄影航测作业流程如图4-3所示。

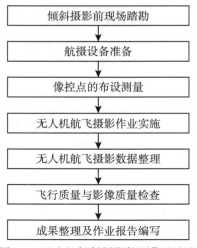

图 4-3　无人机倾斜摄影航测作业流程

4.2.1　现场踏勘

到达现场之前在网上搜集测区所在地的气象和地形等资料，利用航测一体化处理软件 SouthUAV 等工具了解测区地形结构特征和航测飞行危险区域，如：地形高差较大区域、城市中心较高标志性建筑、变电站、雷达站等，以及大面积不合适建立起降场地的高山、森林、湖泊等复杂地形。

在进行外业航飞之前，应该根据已知的测区资料和相关数据对无人机系统的性能进行评估，判断飞行环境是否满足飞机的飞行要求，影响无人机飞行的因素主要包括以下几个方面。

（1）海拔。测区的海拔应该满足无人机的作业要求，无人机飞行的高度应该大于当地的海拔和航高。

（2）地形、地貌条件。地形和地貌主要影响无人机成图的质量，对于地面反光强烈的地区，如沙漠、大面积的盐滩、盐碱地等，在正午前后不宜摄影。对于陡峭的山区和高密集度的城市地区，为了避免阴影，应在当地正午前后进行摄影。

（3）风力和风向。地面的风向决定无人机起飞和降落的方向，空中的风向对飞行平台的稳定性影响很大，尽量在风力较小时进行摄影航测。

（4）电磁和雷电。无人机空中飞行平台和地面站之间通过电台传输数据，要保证导航系统及数据链的正常工作不受干扰。

在实际到达现场时，作业员需要对测区周围进行踏勘，收集地形地貌信息，以及周边的重要设备和交通信息，为无人机的起飞、降落、航线规划提供资料，在测区内寻找所有适合建立起降场地的区域及位置，并在航测一体化处理软件上做好标记。对于大城市、机场或高海拔地区，航测之前首先应申请空域。应记录现场的风速、天气、起降坐标等信息，留备后期的参考和总结。

现场踏勘的内容包括：

(1)测区行政区划的调查。应查明测区的行政归属，行政中心的所在地，以及各级境界的划分情况，并收集有关资料，为技术设计和作业时的调绘工作提供参考，也便于与当地政府联系，以确保测绘任务顺利实施。

(2)气象、气候资料的收集。包括气温、降雨、风、雪、雾、冻土深度等情况和数据，这些资料可以为安排野外生产计划提供依据。

(3)测区已有成果、成图情况及测量标志的完好情况。应了解本部门或其他测量部门在测区内进行过测绘工作的成果成图情况、资料种类、范围、等级、精度及利用价值，以免造成重复和浪费。同时，还必须调查标志的完好情况，以便考虑补救的措施。

(4)居民及居民地。应了解测区内居民的民族种类、人口、风俗习惯、语言文字等情况；了解居民地及其他地理名称的命名规律；调查居民地的类型、分布特点、建筑形式等，以便解决如何正确表示居民地、确定综合取舍原则等问题。

(5)特殊地物、新增地物情况的调查。主要是指规范和图式中不明确或没考虑到的、当地比较突出需要表示的地物以及航摄后新增加的地物，调查这些地物的情况，以便在技术设计时考虑应采取的相应措施。

(6)交通运输情况。应调查了解测区内各种道路的等级、分布、质量、通行能力等情况，以便在技术设计时确定主要道路的具体等级，以及道路网在图上的取舍原则，同时也为安排出测、运输、迁站、小组活动等提供依据。

(7)水系、水文情况。应调查了解测区内河流、湖泊、水库、沟渠等水系的分布、特征，以及附属建筑物等情况；同时应收集和测定河宽、水深、流速、水位等水文资料，为技术设计时确定水系表示的原则和特殊问题的处理提供可靠的数据及情况。

(8)土壤、植被情况。要特别注意调查沙地、戈壁、盐碱地、沼泽地以及各种植被的分布情况、分布特点，同时要弄清植被的种类、平均高度、密度等生长情况，这些对选取作业方法、配备器材装备、计算工作量都有影响。

(9)地貌情况。了解测区内主要地貌的类型，平均概略高程，一般比高、坡度，人工地貌和自然地貌的分布和特征等情况，以便解决成图方法及如何运用等高线和各种地貌符号正确显示地貌特征的问题。

(10)典型样片的调绘及实地摄影。选取各种类型地形元素的典型航摄像片在野外进行实地调绘工作，用样图来说明各种元素的表示方法及综合取舍的原则，以便指导生产。对于有典型意义的特殊的地形元素，应进行实地摄影，用图像说明它们的具体特征。

另外，还应了解测区内劳动力、交通工具、向导、翻译的雇请情况；木材、砂石、材料、主、副食品的供应情况；治安、卫生情况等。总之，要达到全面了解测区情况，为解决生产、技术的各种问题提供全面可靠的资料。

现场踏勘完成后，依据航摄任务需求制订航摄计划，航摄计划应包括以下内容：

(1)摄区范围和地物地貌特征；

(2)测图比例尺和基准面地面分辨率；

(3)航线敷设方法、飞行高度、像片航向和旁向重叠度；

(4)飞行器与航摄相机类型、技术参数和辅助设备参数；

（5）需提供的航摄成果名称和数量；

（6）执行航摄任务的季节和期限。

4.2.2　设备准备

航测外业作业前须进行一系列的准备工作，以确保正常的工作程序。

（1）做好各种资料收集工作，包括：航摄资料；基础控制点成果；各种地图资料，如各种旧地形图、交通图、水利图、行政区划图、地名录等。

（2）作业使用的各种仪器、器材均须进行检查校正准备。包括：飞行平台准备、航摄相机准备、设备检校准备、电池充电准备等。

4.2.2.1　飞行平台准备

飞行平台应满足如下要求：

（1）飞行平台应具备足够的载荷能力，在保障飞行安全的前提下，除油料、电池、机载发电机等之外，有效载荷应保证承载传感器及其辅助系统，空间充足，不遮挡视场，不影响接线和插卡等动作。

（2）飞行平台发动机、电机运行过程中固有振动频率应与传感器协调，采取减震措施，避免振动引起成像模糊，尤其应避免传感器出现角元素形式的振动。

（3）多轴旋翼机及其他类型无人飞行器航空摄影时应具备 4 级风力气象条件下安全飞行能力。

（4）飞行平台应与其搭载的传感器协调配合，在保证安全飞行的前提下，应选择巡航速度低的飞行平台，以保证像移和运动变形在较小的范围内。对应平均像点位移不应大于 0.5 个像素，地形最高点最大像点位移不应大于 1 个像素。

（5）具备记录和下载实际曝光点位置和姿态等信息的功能。

（6）具备定点曝光控制或等距曝光控制功能。

（7）应选用双频 GNSS 接收机，其数据记录频率应不小于 5Hz。

（8）确保无人机电池满足外业作业电量要求。

4.2.2.2　航摄相机准备

航摄相机应满足如下要求：

（1）相机镜头应为定焦镜头，且对焦无限远；

（2）镜头与相机机身，以及相机机身与成像探测器之间稳固连接；

（3）连接双频 GNSS 和惯性测量装置时，相机应具备曝光信号反馈功能；

（4）航向视场角不小于 27°；

（5）灰度记录的动态范围，每通道应不低于 8bit；

（6）原始影像宜以无压缩格式存储，采用压缩格式存储时，压缩倍率应不大于 10 倍。

（7）相机与飞行器的连接应稳固可靠；

（8）相机与飞行器之间应具备减震装置。

4.2.2.3　设备检校准备

设备检校应满足以下要求：

（1）通过摄影测量平差方法解算相机检校参数，包括主点坐标、主距、畸变参数、像元尺寸、面阵大小等，并提供检校数学模型；

（2）主点坐标中误差不应大于 $10\mu m$，主距中误差不应大于 $5\mu m$，残余畸变差不应大于 0.3 像素；

（3）在航摄相机出现大修、关键部件更换或者遭受剧烈振动和冲击等情况下，应重新检校。

4.2.2.4 电池充电准备

航测外业作业前需要保证遥控器和无人机电池满电。

遥控器电池充电步骤：轻按遥控器电源开关，4 颗电量指示灯会亮起，若电量指示灯少于等于 2 颗，请使用标配的 DC 充电器为遥控器充电。充电过程中，遥控器上方蓝色指示灯会慢闪，充电完成后指示灯熄灭。

无人机电池充电步骤如下：

（1）使用充电器时，应先将充电器接通电源。充电模式选用 LiHv-6S，可长按滚轮进行模式切换，如图 4-4、图 4-5 所示。

图 4-4　无人机电池充电器

图 4-5　无人机电池充电模式

（2）将转接线按如图 4-6、图 4-7 所示连接到充电器上。

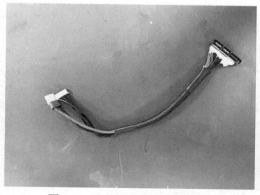

图 4-6　无人机电池充电转接线

图 4-7　无人机电池充电器连接转接线

（3）将转接线另一端连接到电池端，如图 4-8、图 4-9 所示。

图 4-8　无人机电池接口

图 4-9　转接线无人机电池接口

（4）由于充电器无法识别出电池的六片电芯，需长按电池电源键 5s，电池进入充电模式，充电器可识别出六片电芯，如图 4-10 所示。

（5）长按拨轮，开始充电。电流默认设置为 10A，如图 4-11 所示。

图 4-10　充电器识别电池电芯

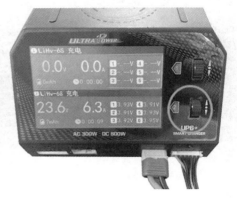

图 4-11　开始充电

电池充电过程中的注意事项：

（1）不要在无人照看的情况下使用充电器，如果有任何功能异常，立刻中断充电并对照说明书查明原因。

（2）确保充电器远离灰尘、潮湿、雨、高温，避免阳光直射及强烈振动。不要碰撞充电器。

（3）充电器支持交流输入电压为 AC100-240V。

（4）将充电器放置在耐热、不易燃及绝缘的表面。不要放置在车座、地毯等类似的地方。确保易燃、易爆物品远离充电器的操作区域。

（5）充分了解充电/放电的电池规格，在充电器里面的设置同电池一致。如果程序设定不对，充电器及电池都可能损坏。过充可能引起火灾，甚至爆炸。

（6）所配充电器仅允许为本产品电池充电。已经损坏或者有缺陷的电池勿继续充电。着手充电之前，务必检查确认是否选择了合适的程序设置，是否设置了合适的充电电流，是否所有的接线连接都牢固。

（7）如电源线损坏，停止使用并联系厂家技术人员更换，以免发生危险。

4.2.3　像控布设

航空摄影测量的目的是对目标区域进行测量，获取目标区域的地理信息，通常情况下需要地面控制点（又称为外业控制点、野外控制点等）对拍摄的影像进行位置和姿态标定，这个过程称为绝对定向。很多时候，飞机上安装有 GPS、IMU 等定位、定姿设备对拍摄位置进行记录，如果对成果的位置精度要求不高，可以不需要地面控制点，但专业的测绘生产都需要地面控制点进行定向。

地面控制点有两个重要的用途：其一是作为定向点使用，用于求解像片成像时的位置和姿态；其二是作为检查点使用，用于检查生产成果的精度，检查方式是在成果数据中找到检查点的影像位置（需要立体像对中的位置），测量其坐标然后与控制点坐标进行比对。本节将对地面控制点的含义、像控点布设原则、像控点测量等内容进行叙述。

4.2.3.1　地面控制点概述

地面控制点（Ground Control Point，GCP）是表达地理空间位置的信息数据，归结为空间位置坐标、点位局部影像、点位特征描述及说明（点之记）、辅助信息，在航空摄影测量中控制点也被称为像控点。控制点按照应用及精度等级分为国家基础测量控制点、像片控制点（像控点）及工程建设定位控制点。基础测量控制点是国家或省级建立的高等级的平面、高程大地控制网点，分为一、二、三、四等级，类型包括三角点、水准点、卫星定位等级点和独立天文点等，是开展所有测量工作的基础，属于机密资料，由国家实行统一管理。控制点是在国家基础控制点框架下通过一定的测量技术方法在野外实测完成的，是进行摄影测量、遥感卫星影像与雷达影像纠正及工程建设定位的依据。不同成图比例尺、不同用途的控制点的精度是不同的，控制点获取的时间、行政区域、坐标参考基准、点位影像类型、影像的分辨率等相关信息对控制点的再利用是非常必需和重要的，比如低精度的控制点不能用于高精度的测绘项目中，否则不能达到精度要求。

地面控制点是表达地理空间位置的信息数据，控制点相关信息数据归纳起来包括控制点空间位置坐标、控制点局部影像、控制点辅助信息。

（1）控制点空间位置坐标。地球表面上空间位置的描述通常用在一定参考系中的坐标来表示，通用坐标系包含大地坐标系（B，L，H）、地心坐标系、空间直角坐标系（X，Y，Z）、站心坐标系及高斯直角坐标等。测绘工程通常用空间直角坐标系，国内常用的坐标参考系有 CGCS2000 国家大地坐标系、WGS-84 国际标准坐标系、1954 北京坐标系、1980 西安坐标系及地方坐标系等，投影参数还涉及 3°带和 6°带，涵盖国家基本比例尺系列图的精度等级。

（2）控制点局部影像。控制点影像数据是以栅格形式存储的、以灰度或彩色模式显示的控制点局部图像。控制点影像类型主要与影像获取的传感器有关，主要由手簿、手机、数码相机拍摄。

（3）控制点辅助信息。控制点辅助信息是对控制点的详细描述。首先是描述控制点空间地理坐标辅助信息，包括采用的坐标系、投影方式、精度、成图比例尺、行政区域、获取时间、3°带或6°带等。其次是描述控制点影像的辅助信息。航空数字影像辅助信息包括分辨率、摄区名称、摄区代码、航摄仪型号、摄影比例尺、航摄仪焦距等。卫片遥感影像辅助信息包括传感器的类型、景号、轨道号、波段等。

控制点的获取途径如下：

（1）控制点像片扫描控制点由外业测绘者在野外实测获得，目前国内通常的控制点资料提供形式为电子文档格式的 GCP 坐标数据及相应纸质控制点影像像片（控制片），控制片正面有刺孔，用黑色或红色圆圈标记，旁边注有点号和高程，背面有点位位置说明及略图。为了得到电子的点位局部影像和点位说明，必须对控制片进行数字化扫描预处理，得到栅格形式的 GCP 点位影像及点位图形与说明。

（2）利用空三加密成果。目前国内主流空三软件均有输出像点局部影像（GCP 小影像）的功能，一般空三加密技术也要求输出控制点局部影像，大小为 200 像素×300 像素。

（3）利用纠正后的卫星影像成果上交控制点影像库，这些控制点影像库中的影像可直接使用，影像中心点为控制点位置，坐标也可直接导出。

（4）外业直接提供，有些外业提供的控制点点之记中附带有位置影像信息。

像片控制点分三种：像片平面控制点（简称平面点），只需联测平面坐标；像片高程控制点（简称高程点），只需联测高程；像片平高控制点（简称平高点），要求平面坐标和高程都应联测。在生产中，为了方便地确认控制点的性质，一般用 P 代表平面点，G 代表高程点，N 代表平高点，V 代表等外水准点。

由于 GNSS 技术的进步，使得 RTK 的精度逐渐提高，从测量结果来看，RTK 技术不仅可以满足像控点的精度要求，而且可以节省大量测量时间，与传统像控点测量方法相比具有较大的优越性，实际作业时用 RTK 采集的点全部是平高点。

4.2.3.2　像控点布设原则

像控点是摄影测量控制加密和测图的基础，野外像控点目标选择的好坏和指示点位的准确程度，直接影响成果的精度。换言之，像控点要能包围测区边缘以控制测区范围内的位置精度。一方面，纠正飞行器因定位受限或电磁干扰而产生的位置偏移、坐标精度过低等问题；另一方面，纠正飞行器因气压计产生的高层差值过大等其他因素。只有每个像控点都按照一定标准布设，才能使得内业更好地处理数据，三维模型达到一定精度。

像控点布点原则如下：

（1）像控点一般按航线全区统一布点，可不受图幅单位的限制。

（2）布在同一位置的平面点和高程点，应尽量联测成平高点。

（3）相邻像对和相邻航线之间的像控点应尽量公用。当航线间像片排列交错而不能公用时，必须分别布点。

（4）位于自由图边或非连续作业的待测图边的像控点，一律布在图廓线外，确保成图满幅。

（5）像控点尽可能在摄影前布设地面标志，以提高刺点精度，增强外业控制点的可取性。

（6）点位必须选择在像片上的明显目标点，以便于正确地相互转刺和立体观察时辨认点位。

像控点在像片和航线上的位置，除各种布点方案的特殊要求外，布点位置应满足下列基本要求：

（1）像控点一般应在航向三片重叠和旁向重叠中线附近，布点困难时可布在航向重叠范围内。在像片上应布在标准位置上，也就是布在通过像主点垂直于方位线的直线附近。

（2）像控点距像片边缘的距离不得小于1cm，因为边缘部分影像质量较差，且像点受畸变差和大气折光差等所引起的位移较大；再则倾斜误差和投影误差使边缘部分影像变形增大，增加了判读和刺点的困难。

（3）点位必须离开像片上的压平线和各类标志（框标、片号等），以利于明确辨认。为了不影响立体观察时的立体照准精度，规定离开距离不得小于1mm。

（4）旁向重叠小于15%或由于其他原因，控制点在相邻两航线上不能公用而需分别布点时，两控制点之间裂开的垂直距离不得大于像片上2cm。

（5）点位应尽量选在旁向重叠中线附近，离开方位线大于3cm时，应分别布点。

像片控制点一般选用像片上明显的地物点。大比例尺测图一般利用目标清晰、精度高的直角地物目标或点状地物目标作为像片控制点，也可以在航摄前在地面上布设人工标志，如图4-12、图4-13所示。

图4-12 特征点作为控制点

图4-13 布设人工控制点

其中，选取地物特征点作为控制点进行施测，在满足像控点布点原则和布点位置要求的基础上，应遵循以下原则：

（1）刺点目标应根据地形、地物条件和像片控制点的性质进行选择，以满足规范与合同要求。无论是平面点、高程点或平高点均要选择在影像清晰、目标明显、能准确刺点的目标点上，明显目标点是指野外的实地位置和像片的影像位置都可以明确辨认的点。一般理想的明显目标应选择在近于直角而且又近于水平的线状地物的交点和地物拐角上，特别是固定的田角和道路交叉处经常作为优先选点的理想目标。

（2）像控点平面坐标和高程的施测无论平面控制点，还是高程控制点，其测量工作必须遵循"从整体到局部，先控制后碎部"的原则，即先进行整个测区的控制测量，再进行碎部测量。

（3）像控点应优先选择在影像清晰、可以准确刺点的目标上布设。多选择在线状地物交点和地物拐角上布设。同时要多个方向拍摄像控点照片，以便于内业绘图人员判读像控点。

（4）在测区范围内，可有针对性地选择地坪拐角、铁丝网支桩、在建房屋基角等目标点。但要考虑时间间隔，若摄影时间与选点时间间隔太长，目标地物现状可能发生变化，则不建议选择此类地物目标。建议野外像控点测量小组，最好以两名有多年工作经验的人组成，可相互验证对目标地物与像片影像的判读，从而保证像控点的正确性与唯一性。

（5）一般情况下在完成基础控制网（点）测量工作后才能施测像片控制点，利用GNSS 静态测量技术解决像片控制点的平面坐标和地面高程（单点定位技术）。利用 RTK测量技术在丘陵地、山地、高原解决像片控制点的平面及高程坐标。RTK 测量像片控制点的优点是方便、快捷，可以直接得出像片控制点的平面坐标和高程，不需要进行后处理。

布设的人工像控点，可以通过直角模具涂刷和标靶板的方式，如图 4-14、图 4-15所示。像控点现场涂刷标识，应用直角模具涂刷，或者用航测专用标识；涂刷大小>50cm，并且棱角不虚边；编号涂刷，字体清晰，字体高度>30cm。喷涂式像控点保存时间长，位置固定，可飞后再采集坐标，更灵活。缺点是耗时较长，成本高。

注意：建议采用 L 型像控点，如果采用 L 型像控点，需要统一规范采集的是外角点或内角点。

标靶像控点为打印印刷的像控，不需要喷涂，直接放在测区内，航测飞机后可就地回收，比较低碳环保。缺点是容易被移动，需当场采集坐标，且不适合测区较大的项目。

4.2.3.3 像控点测量

像片控制点分三种：平面点，只需联测平面坐标；高程点，只需联测高程；平高点，要求平面坐标和高程都应联测。由于 GNSS 技术的进步，使得 RTK 的精度逐渐提高，从测量结果来看，RTK 技术不仅可以满足像控点的精度要求，而且可以大量节省测量时间，与传统像控点测量方法相比显示出较大的优越性。

像控点测量注意事项如下：

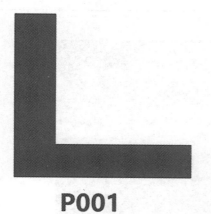

图 4-14 涂刷像控点

图 4-15 标靶像控点

(1)根据刺点片在现场选点时,应根据现场情况确认刺点位置是否满足控制点刺点和观测要求。如不满足时可与内业沟通在附近重新选点。

(2)像片控制点测量时,拍摄像片控制点的现场照片,分别为清晰地反映像片控制点与周边地物相对方位关系的现场照片、像片控制点实地准确位置的现场照片。

(3)对像片控制点测量成果进行检查、平差、坐标转换,坐标转换成果应使用未参与坐标转换参数计算的点位进行检核。

(4)制作点之记文件,可以借助像控之星和 SouthUAV 制作,如表 4-4 所示像控点点之记。

表 4-4　　　　　　　　　　像控点点之记

测区	玉溪		
点号	4		
坐标系	平面	CGCS2000	
	高程	1985 国家高程基准	
坐标 (m/dd. dddd)	X 坐标	Y 坐标	Z 坐标
	269 ****.979	55 ****.177	***7. 234
	纬度	经度	大地高
	24. 32 ****569	102. 56 ****609	***7. 234
RTK 编号	SG13AC126368074	手簿编号	0000F271E78D2835
天气描述	晴　14℃		
位置描述	云南省玉溪市××区××路		
刺点说明	无		

续表

点位略图：

近景照片（4_ 20210307123136. jpg）：	远景照片（4_ 20210307123148. jpg）：

施测单位	south		
刺点者	south	刺点时间	2021-03-07　12：31：30
检查者	小南	检查时间	2021-03-29　19：20：32
备注	无		

（5）将像片控制点的最终成果数据整理、制作成像片控制点成果表，如表 4-5 所示。

表 4-5 像片控制点成果表

点名	x	y	h	经度 B	纬度 L	H
PT1	23 ***63.333	6 ***86.2548	3.432	21.3 ****017	109.3 ****022	3.432

注意：x，y 为 CGCS2000 平面投影坐标，h 为大地高，x，y，h 单位为 m。B，L 为 CGCS2000 经纬度坐标，单位为度分秒；H 为大地高，单位为 m。

注意：点之记、刺点片、像控点成果表宜制作成电子数据。

另外，像控点采集应采用对中杆或脚架对中整平，选取的角点位置拐角清晰。像控点采集精度要求应满足 RTK PDOP 值小于 3，单次观测平面收敛精度应≤1.5cm；高程收敛精度应≤2.0cm。像控点采集次数设置平滑次数不低于 10 次。信号波动大的时候，须进行多次观测。

4.2.4 无人机航飞

无人机航飞作业是指将航摄仪安置在飞机上，按照技术要求对地面进行摄影的过程。

航空摄影进行前，需要利用与航摄仪配套的飞行管理软件进行飞行计划的制订。根据飞行地区的经纬度、飞行需要的重叠度、飞行速度等，设计最佳飞行方案，绘制航线图。在飞行中，一般利用卫星进行实时定位与导航，拍摄过程中，操作人员可利用飞行操作软件，对航拍结果进行实时监控与评估。无人机航飞作业实施过程中，应遵循以下原则：

(1)使用机场起降时，应按照机场相关规定飞行。不使用机场起降时，应根据无人飞行器的性能要求，选择起降场地和备用场地。

(2)航摄实施前应制订详细的飞行计划，且应针对可能出现的紧急情况制定应急预案；在保证飞行安全的前提下，且光照和能见度条件允许时，可实施云下摄影。

(3)起飞前须校准气压高度计、GNSS 大地高、地形图海拔高程三者之间差异，确保飞行实时高度控制与设计航高不出现较大系统性偏差。

(4)应填写航摄飞行记录表。飞行质量主要包括像片重叠度，像片倾斜角和像片旋偏角，航线弯曲度和航高，图像覆盖范围和分区覆盖以及控制航线等内容。

无人机航飞环节一般包括：差分模式设置、航线规划、安装无人机、连接地面站、起飞前检查、任务飞行。

4.2.4.1 差分模式设置

飞机高精度 POS 信息获取有两种方式：PPK 后处理差分、RTK 实时动态差分方式。

1)PPK 后处理差分作业模式操作步骤如下：

(1)架设 GNSS 接收机，并对中整平。

(2)采集基站坐标，量取仪器高。

(3)更改基站作业模式为静态模式。

（4）航测任务结束后下载静态数据文件。

注意事项：

①当前主流接收机静态采集间隔主要有 0.2s、0.5s、1s、2s、5s 和 10s，航测作业一般设置采集间隔为 0.2s。

②天线高：设置主机天线高，有直高、斜高和杆高三种，选择量取类型，输入量取的高度即可。

2）RTK 实时动态差分模式操作步骤如下：

（1）遥控器连接飞机 WiFi，选择连接对应的无人机网络，通常名称以 SOUTH_ ****开头，****为无人机机身号后 4 位，如图 4-16、图 4-17 所示。

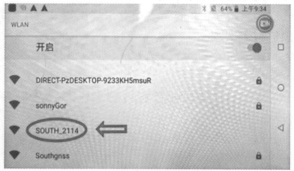

图 4-16　遥控器打开 WiFi　　　　　　　　图 4-17　选择飞机网络

（2）打开浏览器，输入无人机后台网址 IP：192.168.155.155，进入登录界面，输入用户名为 admin，密码为 admin，如图 4-18 所示。

图 4-18　用户登录界面

（3）单击"数据传输"，单击"NTRIP 设置"，具体操作如图 4-19 所示。

（4）输入 CORS 账号对应的参数：IP、端口、用户名、密码，通过"获取接入点"选择正确连接点，具体步骤如图 4-20 所示。

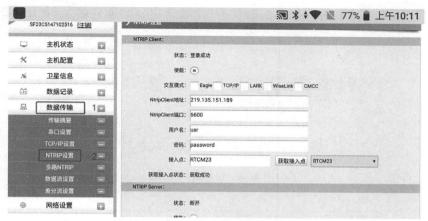

图 4-19　进入 NTRIP 设置界面

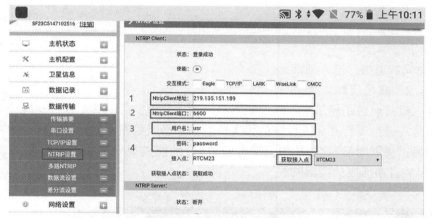

图 4-20　设置 CORS 参数

（5）单击"确定"，开始连接，具体步骤如图 4-21 所示。

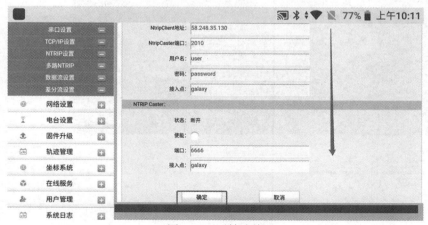

图 4-21　开始连接

（6）检查登录状态和解算状态，需显示"登录成功"和"固定解"，如图 4-22、图 4-23 所示。

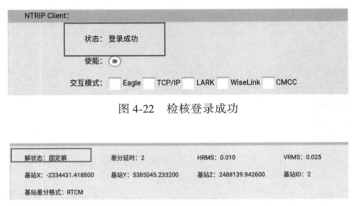

图 4-22　检核登录成功

图 4-23　检查固定解状态

（7）完成后退出，进入地面站。

4. 2. 4. 2　航线规划

在无人机行业应用场景中，航线规划是一项十分重要的前置工作，这能让无人机按照既定的路线进行飞行并完成设定的无人机航拍录影或数据采集任务，行业中有不少现成的软件提供规则图形（比如矩形、平行四边形）的航线规划，如图 4-24 所示就是由软件 SouthUAV 自动形成的摄影航线。

图 4-24　航线规划

航空摄影主要包含按航线摄影和按面积摄影两类。按航线摄影指沿一条航线，对地面狭长地区或沿线状地物(铁路、公路等)进行的连续摄影，称为航线摄影。为了使相邻像片的地物能互相衔接以及满足立体观察的需要，相邻像片间需要有一定的重叠，航向重叠度一般应达到60%，至少不小于53%；按面积摄影指沿数条航线对较大区域进行连续摄影，称为面积摄影(或区域摄影)。面积摄影要求各航线互相平行。在同一条航线上相邻像片间的航向重叠度为53%~60%。相邻航线间的像片也要有一定的重叠，旁向重叠度一般应为15%~30%。实施面积摄影时，通常要求航线与纬线平行，即按东西方向飞行。但有时也按照设计航线飞行。由于在飞行中难免出现一定的偏差，故需要限制航线长度，一般为60~120km，以保证不偏航，避免产生漏摄。

航线规划一般分为两步：首先是飞行前预规划，即根据既定任务，结合环境限制与飞行约束条件，从整体上制定最优参考路径；其次是飞行过程中的重规划，即根据飞行过程中遇到的突发状况，如地形、气象变化、未知限飞因素等，局部动态地调整飞行路径或改变动作任务。航线规划的内容包括出发地点、途经地点、目的地点的位置关系信息、飞行高度和速度与需要达到的时间段。

无人机飞行航线任务规划要牢记以下4个因素。

1)飞行环境限制

受无人机在执行任务时，会受到如禁飞区、障碍物、险恶地形等复杂地理环境的限制，因此在飞行过程中，应尽量避开这些区域，可将这些区域在地图上标志为禁飞区域，以提升无人的工作效率。此外，飞行区域内的气象因素也将影响任务效率，应充分考虑大风、雨雪等复杂气象下的气象预测与应对机制。

2)无人机的物理限制

无人机的物理限制对飞行航迹有以下限制：

(1)最小转弯半径：由于无人机飞行转弯形成的弧度将受到自身飞行性能限制，它限制无人机只能在特定的转弯半径内转弯。

(2)最大俯仰角：限制了航迹在垂直半径范围内转弯。

(3)最小航迹段长度：无人机飞行航迹由若干个航点与相邻航点之间的航迹段组成，在航迹段飞行途中沿直线飞行，而达到某些航点时有可能根据任务的要求而改变飞行姿态。最小航迹段长度是指限制无人机在开始改变飞行姿态前必须直飞的最短距离。

(4)最低安全飞行高度：限制通过任务区域的最低飞行高度，防止飞行高度过低而撞击地面，导致坠毁。

3)飞行任务要求

无人机具体执行的飞行任务主要包括到达时间和目标进入方向等，需满足如下要求：

(1)航迹距离结束，限制航迹长度不大于预先设定的最大距离。

(2)固定的目标进入方向，确保无人机从特定角度接近目标。

4)实时性要求

一方面，当预先具备完整精确的环境信息时，可一次性规划自起点到终点的最优航迹，而实际情况是难以保证获得的环境信息不发生变化；另一方面，由于任务的不确定性，无人机常常需要临时改变飞行任务。在环境变化区域不大的情况下，可通过局部更新的方法进行航迹的在线重规划，而当环境变化区域较大时，无人机任务规划则必须具备在线重规划功能。

在综合考虑以上要求的基础上，以南方的智航 SF600 为例，航线规划具体步骤如下：

（1）地面站联网。

地面站打开"无线和网络"，连接无线网络，加载地图，图 4-25 为地面站主界面。

图 4-25 地面站主界面

（2）航线规划。

点击"航线规划"，进入航线规划界面，如图 4-26 所示。

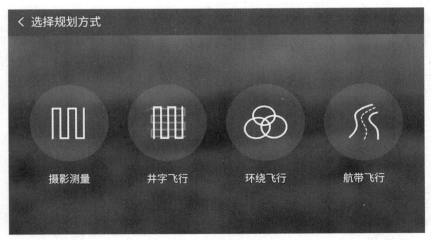

图 4-26 选择航线规划方式

（3）点击"摄影测量"，如图 4-27 所示为摄影测量航线规划界面。

图 4-27　摄影测量航线规划

（4）点击屏幕任意位置，出现任务测区，拖曳任务框顶点，可改变任务测区大小，如图 4-28、图 4-29 所示。

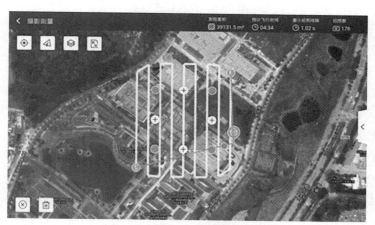

图 4-28　摄影测量航线规划(1)

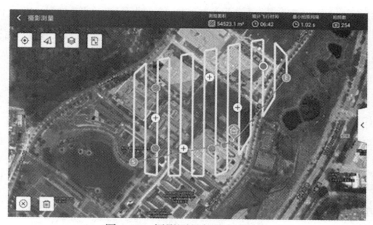

图 4-29　摄影测量航线规划(2)

（5）设置任务参数，如图 4-30 所示。

图 4-30　设置任务参数

其中飞行高度需要依据复算公式进行计算：航高 = 主距/像素大小×影像地面分辨率。

为了更好地满足生产 1∶500 比例尺成图要求，计划获取的影像地面分辨率为 0.015，则可得到航高算式为 25/0.003916×0.015 = 95.76m，因此可设计本次飞行的航高为 95m，航线规划的其他事宜可直接在飞控软件中设置。

飞行高度：决定对地分辨率的大小（GSD）；

飞行速度：飞行速度一般为 8~12m/s；

重叠度设置：重叠度分为航向重叠度和旁向重叠度，重叠度一般设置为航向重叠度 80%；旁向重叠度 75%。

相机设置：可以选择不同的相机参数：

- 航线角度：可改变航线与测区的角度，一般设置为平行测区或垂直测区。
- 航线外扩：正射影像获取一般设置外扩 1~2 条航线；倾斜模型获取设置为飞行高度与外扩距离相同（根据等腰直角三角形原理）。

（6）KML 导入。

将平板连接电脑，打开以下目录：内部存储 \ com_southgnss_southfly \ kml。

（7）保存任务。

点击"保存"，输入文件名，如图 4-31 所示。

4.2.4.3　安装无人机

以南方的智航 SF600 为例，安装无人机步骤如下。

（1）从收纳箱中取出无人机，放置在平地上，如图 4-32 所示。

图 4-31　保存任务

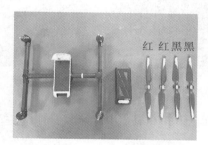

图 4-32　智航 SF600 配件

如图 4-33 所示，按住红色卡扣，将四个脚架打开，放置于平整地面。

图 4-33　智航 SF600 脚架

（2）安装桨叶：桨叶分为正桨(红色卡扣)和反桨(黑色卡扣)，如图 4-34 所示。

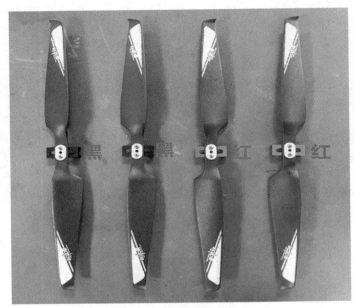

图 4-34　智航 SF600 桨叶

飞机电机卡扣同样有红色卡扣和黑色卡扣之分，如图 4-35 所示。

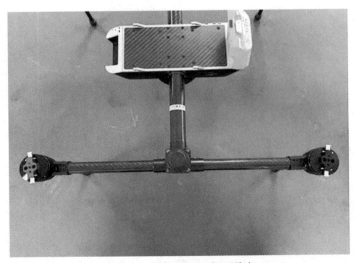

图 4-35　智航 SF600 打开脚架

将桨叶按颜色分别卡紧在电机上(红色卡扣桨叶安装在红色卡扣的电机上，黑色卡扣桨叶安装在黑色卡扣的电机上)，如图 4-36 所示。

图 4-36 安装桨叶

（3）安装电池。将电池按如图方式放置到飞机上，如图 4-37 所示。

图 4-37 智航 SF600 安装电池(1)

卡紧电池，如图 4-38 所示。

（4）相机开机。智航 SF600 电池通电后，相机自动开机，处于工作状态。（注：结束任务之后，须先长按相机电源键对相机进行关机再对飞机进行断电）

4.2.4.4 连接地面站

（1）长按中间电源键进行开机，图 4-39 为遥控器示例图。

（2）打开 SOUTH GS 地面站，打开蓝牙，点击"开始连接"，将平板与遥控器连接，如图 4-40 所示。

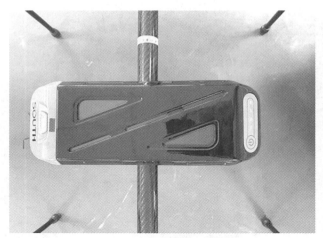

图 4-38　智航 SF600 安装电池(2)

图 4-39　遥控器示例图

图 4-40　地面站首页

（3）设置飞行参数。

进入飞行管理界面，选择摇杆模式，如图 4-41 所示。

图 4-41 地面站飞行管理界面

点击左上角进入飞行参数设置界面，如图 4-42、图 4-43 所示。

图 4-42 地面站飞行参数设置界面(1)

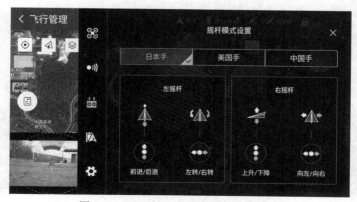

图 4-43 地面站飞行参数设置界面(2)

返航高度：飞机作业完成之后返航时的高度。

（1）限高：飞机最大的飞行高度；

（2）距离限制：飞机最远控制距离；

（3）加速度计校准：校准加速度计；

（4）指南针校准：校准指南针；

（5）摇杆模式：切换遥控器控制模式。

左手边通道"E"拨至中间挡位，为"悬停"模式，如图 4-44 所示。

图 4-44　地面站

界面定义，如图 4-45 所示。

（1）飞机当前模式；

（2）飞机当前电量电压；

（3）GNSS 卫星颗数；

（4）RTK 当前状态；

（5）遥控器信号强度。

图 4-45　地面站飞行管理主页面

点击图 4-46 所示的箭头，调取任务。

图 4-46　地面站调取任务

点击"执行"，即可进行任务飞行。

4.2.4.5　起飞前检查

起飞前检查是每次飞行前必要的部分，不可忽略、遗漏或随意检查，否则将会导致飞行事故、外业数据采集不完整。起飞前检查内容包括：

1）GNSS 基站架设

- 电池电量充足；
- 架设完毕已对中。

2）无人机定位器

- 电池电量充足已开机；
- 设备信号正常。

3）无人机装配检查

- 螺旋桨螺丝无松动、电机座无松动，螺旋桨不卡；
- 电机转动是否顺畅；
- 机臂是否拧紧；
- 网络天线是否安装到位；
- 相机工作是否正常；
- 起飞场地是否空旷；
- 数传天线、PPK 天线安装到位，指示灯正常；
- 无人机通电前开启遥控器并将油门放至最低位；
- 无人机电池满电 26V，无人机上电飞控自检正常；
- 确认挂载正常拍照，确保内存卡空间足够。

4）任务航线规划检查

- 任务航线、降落航线和返航高度、坡度位置安全性；
- 确保航线内无超高建筑物；
- 航线任务是否正确。

4.2.4.6　任务飞行

1）任务调用

点击 ，可选择执行"未执行任务"或"执行中任务"，如图 4-47、图 4-48 所示。

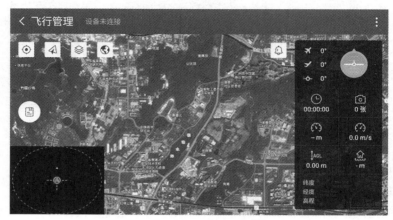

图 4-47　地面站任务调用界面（1）

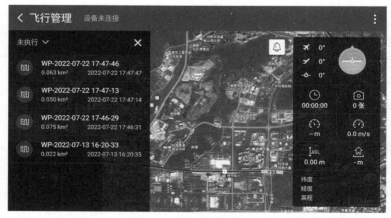

图 4-48　地面站任务调用界面（2）

- 未执行任务：初次规划的任务。
- 执行中任务：没有完成的任务，可继续完成。

2）调用航线

选择任务，点击"调用"，待航线上传成功，点击"执行"，执行航线飞行，如图 4-49所示。

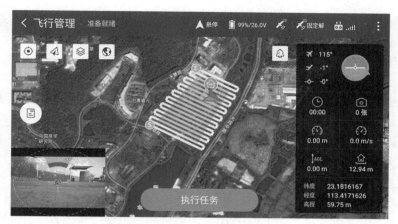

图 4-49　地面站任务调用界面(3)

3)断点续飞

当飞机一个架次无法完成任务时，点击"标记"，标记一个续飞点，返航后，更换电池，进入"未完成任务"，选择任务，重新调用，点击"执行"。当飞机飞到任务高度时，点击"续飞"，如图 4-50 所示。

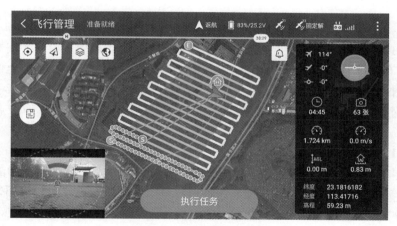

图 4-50　地面站断点续飞

4)监控无人机状态

无人机在飞行过程中，飞手应当始终观察地面站中的各项参数，以确保无人机正常运行。具体观察包括但不限于：

(1)无人机电压及电流是否安全。

(2)无人机电池电压不得低于 21.7V，在 22V 左右无人机应当处于返航或接近返航的状态，若此时航线还剩余较多，应当按下遥控器"返航"开关，让无人机返航。

(3)无人机正常飞行电流在 21A 左右，若电流超过此数值，说明无人机此时处于较大的逆风中，应当时刻关注剩余电压。

（4）地面站上方电量百分比是通过电压进行计算的，可能出现上下跳动，这属于正常现象。

（5）无人机是否按照既定的航线飞行。

（6）无人机是否有报错或警告提示。

（7）若出现数传、遥控、图传信号不好时，请将遥控器天线侧面对准无人机，以获取最佳传输效果。

（8）若出现数传、遥控、图传信号丢失时，如果无人机正常执行航线任务，无须进行操作，无人机执行完任务后会自动返航。

5）无人机降落

（1）无人机在执行完航线任务后，会自动返航并降落至起飞点。

（2）在无人机降落的过程中，由于 GPS 误差可能会出现位置偏差，此时可使用遥控器进行微调。请注意，在使用遥控器微调前，请务必先确认清楚无人机机头位置，否则容易出现打错方向的情况。

（3）若无人机降落场地不平，无人机无法自动上锁，请执行手动降落程序。

（4）在无人机刚接触地面瞬间，油门收至最低，同时模式切为"手动"，保持不动，直至无人机螺旋桨停转，无人机发出"滴"的上锁音，地面站提示未解锁。

注：务必等无人机上锁后，方可接近无人机，进行下一步工作。

4.2.5　数据整理

数据整理是摄影测量内业生产前期的重要环节，是否正确理解原始数据对成果的生产以及精度有着重要的影响。在此环节中，需要分析航片的分辨率、摄影比例尺、地面分辨率、影像的航带关系等，同时也需要对相机文件、控制点文件、航片索引图等进行分析整理。整理的内容包括：①飞机 POS 文件；②基站存储文件；③像控点文件；④照片整理。

4.2.5.1　后差分架次解算

通过使用 SouthUAV 软件的架次解算功能，解算南方无人机数据。该功能支持多架次批量后差分解算，支持自动识别基站坐标值；基站仪器高、天线与相机相位差信息可在差分计算中直接改正。其中，架次解算参数说明如下：

（1）基站数据：输入基站观测文件路径。

（2）添加移动站数据：输入移动站观测文件路径，可以多选。

（3）删除移动站数据：选中要删除的文件路径，点击"删除"按钮即可。

（4）POS 文件名：解算后文件名构成：移动站数据文件所在文件夹路径+移动站数据文件名+_ +POS 文件名+移动站数据文件后缀。

（5）基站坐标：GNSS 设置基站坐标系为大地坐标系，此处填经纬度+椭球高，坐标系为投影坐标系，此处填北东高；经纬度仅支持 dd. dddd 格式。

（6）天线-相机相对位置信息：无人机的相机与 PPK 板卡的相对位置。

（7）基站仪器高：基站仪器高。

（8）解算状态：显示解算过程中的进度、问题等信息。

该功能操作步骤如下（图 4-51）：

图 4-51　架次解算操作示意图

（1）指定基站数据所在位置；

（2）指定一个或者多个移动站数据所在位置；

（3）填写基站坐标信息，若为经纬度，指定经纬度单位格式，若为平面坐标，则默认单位是米，无须指定；

（4）填写天线-相机相对位置信息，注意此处的 NEZ 的正方向与右手坐标系一致。即 N 为机头方向、Z 的方向朝上为正值，如果飞机为南方体系无人机，通过指定飞机类型和镜头类型，快速填写 NEZ 值；

（5）填写基站仪器高信息，支持四种填写方式，直接填写直高或通过量取斜高或量取测高和测片半径来计算出直高。如图 4-52 所示。

（6）设置解算参数，包括坐标系信息、精度、单位格式等。如图 4-53 所示。

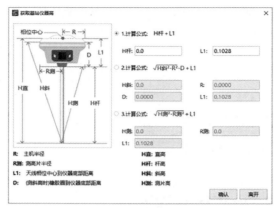

图 4-52　基站仪器高计算

图 4-53　设置解算参数

（7）指定输出的后差分解算结果文件路径，默认路径为基站数据所在路径，输出的成果为每一个移动站对应一个解算结果文件及一个总的解算情况报告，解算文件的命名中前半部分是对应的移动站的名字，后半部分是移动站文件中开始记录的时间。用户可以通过后差分结果文件的名字来区分对应的架次以及时间的先后顺序。

（8）设置完毕，点击"开始解算"，用户可在"解算状态"栏内实时看到数据解算状态。解算完成后，查看解算报告，如图 4-54 所示。

图 4-54　解算报告

4.2.5.2　实时差分偏移改正

航测作业时如采用的是实时差分解算模式，则需要进行差分结果的偏移改正。

由于实时差分数据在实时差分的时候记录的是天线相位中心的位置信息，而我们需要的最终数据是能代表相机每个拍照点对应的位置信息。天线和相机所在位置如图 4-55 所示，是有一定偏移的，所以我们需要对实时差分数据进行天线-相机偏移位置的改正。

图 4-55　天线-相机位置分布图

我们所需要的信息是相机每个拍照点对应的位置信息，而实时差分数据记录的是天线处的位置信息，因此只要我们量算出以天线为中心、相机相对于天线的 NEZ 方向的偏移值，然后将实时差分数据中的每一个点的位置数据按照飞行时的方位角计算，把偏移值改正到相机每个拍照点对应的位置信息。

改正步骤如下：

（1）数据准备，包括：机载 SPOS 文件、天线-相机偏移值；

（2）改正操作流程。

实时差分偏移改正用的是南方航测一体化数据处理软件（SouthUAV 软件，下面简称"软件"）的"实时差分偏移改正"功能。改正操作流程如下：

①添加原始的实时差分数据。点击"添加"按键选择需要进行偏移值改正的实时差分数据，如图 4-56 所示。

②输入"天线-相机偏移值"，包括"NEZ"三个方向的偏移值。注意此处的 NEZ 的正方向与右手坐标系一致，即 N 为机头方向，Z 的方向朝上为正值。由于某一类型的飞机和镜头搭配的偏移值是固定和已知的，所以可以选择作业时使用的飞机类型和镜头类型对应的偏移值，若没有找到对应的飞机和镜头类型，则选择自定义，然后手动输入偏移值，如图 4-57 所示。

图 4-56   导入原始数据

图 4-57   设置天线-相机偏移信息

③点击"设置"按钮,指定导入的实时差分原始数据的文件格式,包括文件的坐标系、读取的起始行、分隔符(一般为",")、经度、纬度、高所在列、指定方向角选项(一般选择自动计算方向角),由于 SPOS 文件中的位置坐标值都是经纬度,所以无须设

置投影坐标系，若使用的数据是南方实时差分 POS，则只需要在"模板格式"处选择"南方实时差分"，软件会自动识别文件内容格式，如图 4-58 至图 4-60 所示。

图 4-58　设置文件内容格式的入口

图 4-59　设置模板格式

图 4-60　文件内容格式设置完成示意图

④指定纠正后的文件存放位置，最后点击"纠正"按钮即可，如图 4-61 所示。

图 4-61　开始纠正

4.2.5.3　照片整理

通过使用 SouthUAV 软件的连接设备功能对获取的数据进行数据整理，该功能既支持直接从镜头读取影像数据，也支持从 U 盘内读取原始数据，处理完成后将数据组织化下载到指定位置，支持多线程同时下载五个镜头数据，并且提供两种数据下载方式。支持自动对多架次照片分组，自动识别地面点及废片，一键清除地面点和所有镜头的废片，也支持处理丢片、丢点等情况，提供插值和标记跳片工具，全方位地处理所有数据异常情况。

详细功能如下：

第一步，设备识别，具体步骤如图 4-62 所示。

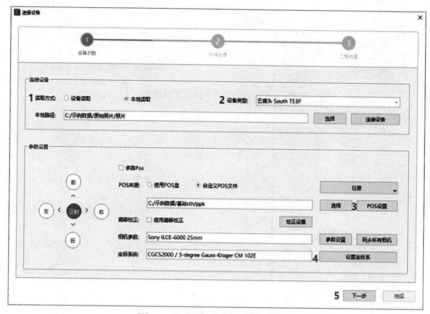

图 4-62　设备识别操作示意图

（1）指定影像数据读取的方式。

若是直接从镜头读取影像数据则选择"设备连接"，若是已经将数据拷到 U 盘或者电脑里则选择"本地读取"，然后指定本地数据所在路径，指定后点击"连接设备"，若选择的设备类型正确，且路径下对应的数据类型正确，软件则会返回"连接设备成果"的提示。

连接的设备类型支持自定义，可以在"设备类型"处下拉选择"自定义"，然后指定模板的名称、盘符规则，指定需要的盘符规则后，需要点击"选定"按钮，然后继续设置镜头个数和类型及镜头对应的相机参数，最后点击"保存模板"即可。也支持将制作好的模板导出成本地文件，然后给其他人使用，其他人拿到模板后可以导入 UAV 软件中，就可以直接使用这些模板，图 4-63 为自定义模板界面。

其中，盘符规则指存放镜头照片的文件夹命名及路径规则，例如：南方规则和WASDX 规则如图 4-64、图 4-65 所示。

图 4-63　自定义相机规则模板

图 4-64　南方规则

图 4-65　WASDX 规则

　　禁用镜头：若想制作非五镜头的模板，可以点击"开启"，然后去点击需要禁用的镜头，指定完成后，点击"关闭"即可，假如已经被指定成禁用的镜头，在选择了"开启"的情况下，可以再次点击被禁用的镜头，该镜头便会解除禁用。

　　相机参数：选中一个镜头后，便可以去指定该镜头对应的相机参数，若其他镜头的相机参数都一致，则可以点击"同步所有相机"，便可以同时设置其他镜头对应的相机参数。

　　删除模板：在"模板名称"处下拉选中需要删除的模板，然后点击"删除模板"即可。

　　保存模板：模板内的相关参数设置完成后，点击"保存模板"即可将模板保存。

　　更新模板：若想更新已有的自定义模板，可以在"模板名称"处下拉选中需要更新的模板，修改参数后，再次点击"保存模板"，然后会提示是否覆盖，选择"是"即可。

　　导入、导出：选择需要导出的模板，指定模板文件的名字和存放位置即可，导入的时候选择模板文件即可。

　　（2）指定读取的数据对应的相机设备类型。例如，智航 SF700 无人机拍摄的数据则

140

选择"五镜头 SouthT53"类型，指定了设备类型后，软件会自动设置该款无人机上挂载的镜头对应的相机参数，自动设置五个镜头的相机参数。

（3）指定存放 POS 数据的文件夹所在位置。然后点击"导入 POS 设置"按钮来指定POS 数据的文件格式和读取情况，包括读取的起始行、分隔符（一般为一个空格，软件会自动识别出来）、经度/东、纬度/北、高所在列（若为经纬度需要指定经纬度的单位格式），值得注意的是，若导入的 POS 文件的坐标系是大地坐标系（即数据为经纬度），则需要勾选"经纬度"项，若是平面坐标系（即数据为北东高），则不需要勾选"经纬度"一项，示例如图 4-66 所示。

图 4-66　POS 格式设置面板

（4）指定导入的 POS 文件的坐标系信息。若为 WGS-84 坐标系则在类型处选择"WGS-84"即可，对应的投影类型无须选择。若为平面坐标系，则需要选择对应的类型和投影，图 4-67 为坐标系选择面板。

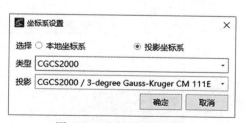

图 4-67　坐标系选择面板

（5）以上的设置都完成后，单击"下一步"按钮即可，软件就会开始读取影像数据，由于软件在读取影像数据的时候也在为每一张影像数据构建缩略图，所以需要等待一会，值得注意的是，在此处尽量不要对电脑进行其他操作，如图 4-68 所示。

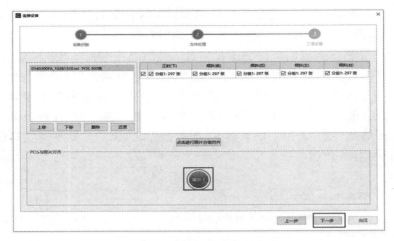

图 4-68 文件处理完成示意图

第二步，文件处理。

（1）指定每一份 POS 文件与每一组影像数据的对应顺序。若有错位，则可以通过"上移""下移"等按钮来调整 POS 文件的位置，从而达到调整 POS 文件与每一组影像的对应顺序。值得注意的是，若读到的影像数据中，有不想处理的影像数据，则可以将对应组别前的"√"去掉，此时软件会默认不读取该数据，则若去掉"√"的为第一组，则下面的每一组的影像数据的顺序也会上移一位。

（2）顺序对应无误后，则点击"进行照片分组"按钮来对每一份 POS 数据和每一组影像数据进行绑定成为一个架次，此时会在"POS 与照片对齐"面板处看到出现绑定的架次，点击需要处理的架次进入处理即可，具体操作如图 4-69 所示，由于软件在读取影像数据的时候也在为每一张影像数据构建缩略图，所以需要等待一会，值得注意的是，在此处尽量不要对电脑进行其他操作。

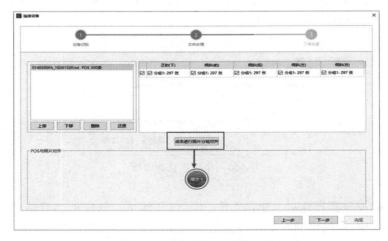

图 4-69 照片分组对齐示意图

（3）可以先通过点击"自动处理地面 POS"和"自动识别废片"来分别删除地面 POS 和废片数据，也支持手动操作删除地面 POS 和照片。点击"POS 处理"按钮可以将 POS 点展出来，支持框选和输入点序号来手动删除 POS 点，若有漏点的情况，可以指定在漏点的地方插入指定个数的点，直到 POS 数目与照片数目相同，且没有地面数据后，点击"完成"即可，具体操作如图 4-70~图 4-72 所示。

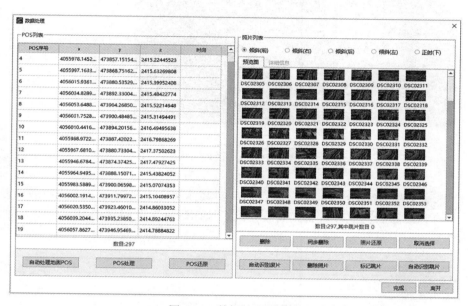

图 4-70　数据处理示意图

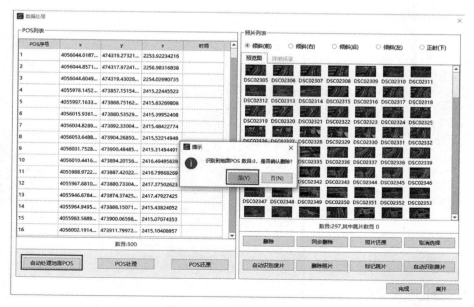

图 4-71　自动处理地面 POS

143

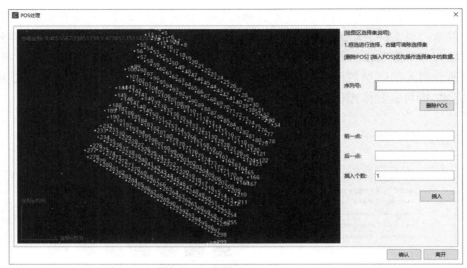

图 4-72　POS 处理面板

（4）整理完成的架次会自动亮起来，然后对其他架次也是进行上述的处理，直至每一架次内的 POS 数目与照片数目相同，且没有地面数据，此时点击"下一步"，如图 4-73 所示。

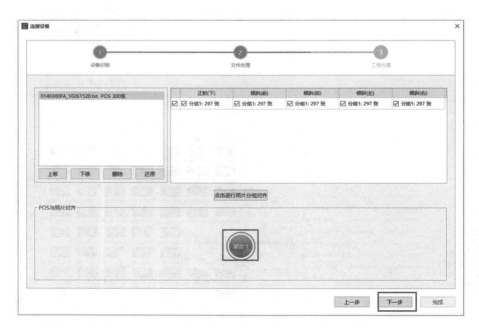

图 4-73　架次整理完成面板

第三步，工程创建。

（1）勾选"全选"，即为三个架次建立在同一个工程里，然后指定工程的名称（建议不使用中文，因为 CC 软件对中文的识别待提高）、工程放置的路径（注意由于在工程目录下会下载整理好的影像数据，所以需要现在有足够的存储空间），如图 4-74 所示。

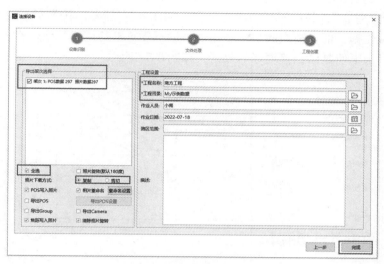

图 4-74 工程创建面板

（2）点击"像片重命名"，在弹出界面中选择重命名方式，航测数据处理过程中不能出现照片重名，如图 4-75 所示。

图 4-75 "像片重命名"界面

（3）指定影像数据的下载方式（复制/剪切）。若是不需要保留原始数据的，确定整理工作操作无误的，建议选择"剪切"的方式，这种方式下载的速度会比"复制"快；若是需要保留原始数据的，建议选择"复制"的方式，该方式的优点是不会改动原始数据。

（4）若想将 POS 信息写入影像数据，则可以勾选"POS 写入照片"，值得注意的是，只有经纬度格式的 POS 数据才可以写入照片，平面坐标是照片本身就不支持写入照片。

（5）必须要指定的"导出架次""工程名称""工程目录"以及"照片下载方式"都指定完成后，点击"完成"，软件便开始建立工程，如图 4-76 所示；按照架次→镜头类型的组织方式下载数据，值得注意的是，在此处尽量不要对电脑进行其他操作，工程建立完成后，工程目录下便是已经整理好的数据，如图 4-77 所示。

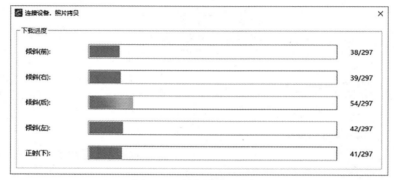

图 4-76　数据下载进度图

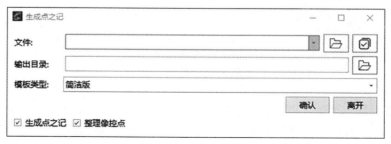

图 4-77　工程创建完成结果图

4.2.5.4　点之记报告

通过使用 SouthUAV 软件的点之记功能，读取像控之星的工程文件夹或者像控之星导出的 .csv 文件来生成点之记报告，其中报告有简洁版和完整版，界面如图 4-78 所示。

图 4-78　生成点之记

（1）选择像控之星的最外层工程文件夹，注意不能修改工程文件夹里面的子文件夹名字。

（2）指定报告存放位置和报告类型。

（3）根据需要来填写检查者、刺点说明等信息，若有多个像控点需要填写信息，可以点击"批量修改"，填写里面的设置项，会统一修改每一个像控点对应的信息。

（4）设置完成后，点击"确定"即可，一个点生成一份点之记报告。

像控点整理功能：像控点整理功能的作用就是把每一个点中对应的照片都分别存放到一个新的文件夹。

为了便于内业人员对像控点文件进行查看，像控点相关的原始数据也要拷贝给内业人员。

4.2.5.5　数据存档格式

无人机数据整理完成以后，可以参考如图 4-79 所示文件夹格式，将数据存放至移动硬盘中。

图 4-79　外业数据整理格式

其中：

（1）"1_飞机 POS 文件"：用于存放各个架次的飞机 POS 文件文件夹，包含实时 POS 文件夹和后差分 STH 文件夹。实时 POS 文件夹和后差分 STH 文件夹中，分别存放各个架次对应的 SPOS 文件和 STH 文件，如图 4-80 所示。

图 4-80　飞机 POS 文件夹格式

（2）"2_基站静态文件"：用于存放与基站相关的数据文件。包括静态数据采集记录表、基站坐标信息、基站静态文件，如图 4-81 所示。

图 4-81　基站静态文件夹格式

（3）"3_像控点文件"：用于存放与像控点相关的数据文件。包括像控点成果记录表、点之记报告文件夹、像控点拍照记录文件夹，如图 4-82 所示。

名称	修改日期	类型	大小
点之记报告	2021/12/30 18:56	文件夹	
像控点拍照记录	2021/12/30 18:57	文件夹	
像控点成果记录表.xls	2021/12/30 18:57	XLS 工作表	7 KB

图 4-82　像控点文件夹格式

（4）"4_照片整理文件"：用于存放 SouthUAV 整理照片的工程文件，如图 4-83 所示。

名称	修改日期	类型	大小
20211230180330	2021/12/30 18:03	文件夹	
copycontinue.txt	2021/12/30 18:03	文本文档	294 KB
南方工程.db	2021/12/30 18:03	Data Base File	636 KB
南方工程.suav	2021/12/30 18:03	SUAV 文件	1 KB

图 4-83　照片整理文件文件夹格式

（5）"5_外业飞行记录表文件"：用于存放外业飞行各个架次的外业飞行记录表，如图 4-84 所示。

名称	修改日期	类型	大小
外业飞行记录表.xls	2021/12/30 18:57	XLS 工作表	7 KB

图 4-84　外业飞行记录表文件夹格式

注意：该文件夹格式不适用于所有飞行作业模式，可以根据具体飞行作业模式对文件夹进行调整。例如：外业飞行模式采用实时差分的模式，对应的"2_基站静态文件"里面可能为空，该数据文件夹格式可以重新设计，或者在"2_基站静态文件"中说明实际情况。

4.2.6　数据质检

数字航空摄影成果的质量检查包括对航空摄影成果的飞行质量、影像质量、数据质量及附件质量进行检查。

（1）飞行质量检查主要包括重叠度、像片倾角与旋偏角、航高保持、航线弯曲、航摄漏洞、摄区覆盖等的检查；

（2）影像质量检查主要是对影像最大位移、清晰度、反差等的检查；

（3）数据质量检查主要是对数据的完整性与数据组织的正确性的检查；

（4）附件质量检查主要是对提交资料的完整性和正确性的检查。

飞行质量与影像质量检查占整个航摄质量检查工作的主体，其中影像质量可通过统计分析进行质量评定，但是与地物目标有很强的相关性，统计信息不能真实地反映影像质量特性，因此影像质量检查中必要的人工目视检查必不可少，而重叠度、像片倾角与旋偏角是飞行质量检查中工作量最大的检查内容。

对航摄产品实行一级检查一级验收制。检查及验收工作必须单独进行，不得省略或相互代替。检查由航摄生产单位的质量管理机构负责实施。检查人员要重视过程质量的监督，及时发现问题，及时处理。

检查、验收工作以相关标准和合同要求为依据。对检查、验收原始记录的要求：

（1）原始记录是检查、验收过程的如实记载，不允许更改和增删；

（2）原始记录内容应填写完整，应有检验人员签名；

（3）原始记录在检查、验收报告发出的同时，随资料存档，保存期一般不少于5年。

现行的测绘规范《国家基础航空摄影产品检查验收和质量评定实施细则》中航摄产品质量特性划分表和航摄产品缺陷分类表，如表4-6和表4-7所示。

表4-6 航摄产品质量特性划分表

一级质量特性	二级质量特性
数据质量	1. 相机检定数据； 2. 航摄设计数据
飞行质量	1. 航向重叠度、旁向重叠度； 2. 绝对漏洞、相对漏洞、漏洞补摄； 3. 像片倾斜角； 4. 旋偏角； 5. 航迹； 6. 航线弯曲度； 7. 最大航高与最小航高之差； 8. 实际航高与设计航高之差； 9. 实际航摄像片数与计划航摄像片数之差； 10. 摄区、分区图廓覆盖保证； 11. 控制航线
影像质量	1. 最大密度 D_{max}； 2. 最小密度 D_{min}； 3. 灰雾密度 D_0； 4. 影像反差 ΔD； 5. 影像色调； 6. 冲洗质量； 7. 像点位移； 8. 框标影像
附件质量	1. 像片索引图； 2. 航摄鉴定表编号、注记、包装； 3. 检查报告； 4. 资料移交书（航摄设计书、摄区范围图、像片结合图等）

表 4-7 航摄产品缺陷分类表

缺陷类别	缺 陷 内 容
严重缺陷	1. 航摄设计不符合《航摄合同》的相关规定。 2. 航摄仪器未按规定检定或检定的项目、精度不符合要求。 3. 航摄底片未进行压平质量检测或检测的方法、精度不符合要求。 4. 光学框标影像不齐全或不清晰，造成资料无法用于成图作业。 5. 航摄绝对漏洞。 6. 影像普遍模糊不清或底片密度和反差（含 D_0、D_{max}、D_{min}、ΔD）等检测资料与设计要求不符。 7. 山体（或高层建筑物）的阴影长度普遍超限，且其密度过大，掩盖相邻被摄景物的影像，形成摄影"死角"；底片上有云影，云影下的地物、地貌无法判读和测绘的面积在地物复杂地区大于 $9cm^2$，地物稀少地区大于 $15cm^2$。 8. 非终年积雪地区底片上有较大面积的积雪，雪下的地物、地貌无法判读和测绘。 9. 飞行质量或影像质量中二级质量特性某项超限，以致不经返修或处理不能提供给用户使用
重缺陷	1. 旋偏角超过相应限差的 1.5 倍，其与相邻像片间的航向重叠和旁向重叠并未因此出现漏洞。 2. 当 $0.3>D_0>0.2$，$D_{max}\approx0.6$ 或 $0.3>D_0>0.2$，$D=1.7\sim1.9$，$\Delta D=1.3\sim1.4$ 时，影像清晰度差，细小地物难以判读。 3. 有云或云影，且处于其下的地物、地貌基本可以辨别或地物、地貌无法判读和测绘的面积在地物复杂地区大于 $4cm^2$，地物稀少地区大于 $8cm^2$。 4. 非终年积雪地区底片上有少量积雪，雪下地物、地貌的判读对测绘影响较小。 5. 实际航摄像片数与计划航摄像片数之比大于 115%。 6. 注记、包装、整饰不符合要求，图、表编制填报有错误。飞行质量或影像质量中二级质量特性某项超限，对用户使用有重大影响
轻缺陷	不属于前两类缺陷的轻微的差、错、漏

飞行质量检查包含两种方法：

第一是影像质量检查，主要使用 Windows 资源管理器中浏览影像数据，逐张观察获取的影像，对影像质量进行评定，如图 4-85 所示。

第二是检查影像覆盖范围和影像对应的 GNSS 数据是否正常，主要通过使用 SouthUAV 软件对获取的数据进行质量检查。

快速质检。通过数学运算，对导入的影像数据进行快速的计算，得出数据的大概地面分辨率、旁向重叠度和航向重叠度，如图 4-86 所示。

操作步骤：

（1）输入第一架次测区的平均地面真实高程值，一般若在"像片精简"或"新建工程"时导入了对应的测区文件，软件会自动在联网的状态下获取。

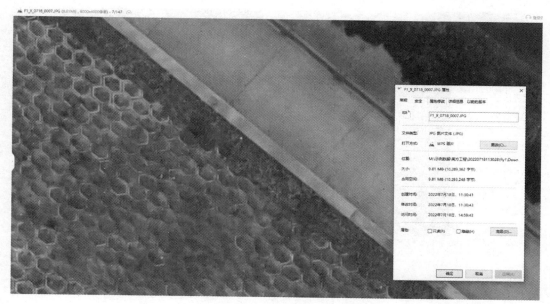

图 4-85　影像质量评定

图 4-86　SouthUAV 快速质检

（2）输入完成后，点击"确定"即可，计算完成后可在命令窗口处看到本次进行快速质检数据的大概地面分辨率、旁向重叠度和航向重叠度。

质检（图 4-87 为质检参数设置界面）。质检功能可以帮助外业人员检查本次航测原始数据的质量，生成可存档的质检报告，可直观了解航测数据的重叠度、地面分辨率、影像预览图、数字表面模型预览图、影像重叠度图、质检结论等信息，及时帮助外业人员了解本次航测数据质量。

图 4-87 SouthUAV 质检

参数说明：
- 成图比例尺：飞行要求的成图比例尺。
- 成图分辨率(单位为 m)：飞行要求的成图分辨率。
- 航向重叠度：飞行要求的航向重叠面积。
- 旁向重叠度：飞行要求的旁向重叠面积。
- 参与计算的架次：本次进行质检的架次(可选工程中全部架次或任意一个架次)。

操作步骤：

(1)通过"工程管理"内的"导入数据"功能导入影像与 POS 数据后，可以点击"质检"按钮启动质检功能。

(2)根据本次的航飞要求来设置需要的成图比例尺、成图分辨率、旁向重叠度、航向重叠度以及本次参与质检的架次等信息，作为质检报告上的"航飞要求"，然后点击"确定"即可。

(3)注意：如果参与计算的架次曾经计算过，将弹出对话框，如图 4-88 所示，如果参与计算的数据有变化(如增加了参与计算的图片)，必须点击"重新计算"按钮。

图 4-88 SouthUAV 质检对话框

快拼(图 4-89 为快拼参数设置界面)。可以快速拼接像片数据得到一张 DOM 效果图，适用场景有：当某一地区发生如山体滑坡或者泥石流等自然灾害时，救援部门需要使用该功能快速获取到该地区的全貌图，以供救援人员基本了解地区地貌情况，快速制订救援计划与救援路线。

图 4-89 SouthUAV 快拼对话框

操作步骤如下：

(1)通过"工程管理"内的"导入数据"功能导入影像与 POS 数据后，可以点击"快拼"按钮启动快拼功能。

(2)根据本次的航飞要求来设置需要的成图比例尺、成图分辨率以及本次参与快拼的架次等信息，点击"确定"即可。

(3)注意：如果之前进行了质检，将弹出如图 4-90 所示对话框。如果参与快拼的数据与之前参与质检的数据一样(没有任何改变)，可点击使用上次结果按钮，加速快拼处理时间。

图 4-90 SouthUAV 快拼

通过飞行质量检查可以判断本次飞行是否成功，如果发现影像覆盖不全，GPS 数据不正常、获取的影像不清晰等情况则需要重新进行航空摄影。飞行质量检查完成后，需要对外业数据成果进行成果评价。

成果评价在生产中属于质量控制部门，而教学中自然是教师给学生学习效果的测评。成果评价可以按外业数据成果生产内容进行，评价的标准参照生产规范，但又不能全盘照搬，可以根据学生实际情况、教学实际情形、课程时间等多方面综合考虑，指定相应成果评价标准和机制。拟采用两大类成果进行评价，一是航空摄影成果评价；二是像片控制点成果评价。

（1）航空摄影成果评价。航空摄影成果包括航线规划报告、航空摄影过程操作报告、航空摄影获取的影像数据及对应的数据描述报告。根据航线规划报告内容，评价航线规划是否合理，包括航高、重叠度、测区覆盖情况等。根据航空摄影过程操作报告内容，评价航空摄影过程操作是否规范，包括环境安全检查是否到位、仪器安装过程是否正确，起飞、降落过程的监控是否到位等。根据航空摄影获取的影像数据及对应的数据描述报告，评价影像数据描述是否规范，通过测区快拼图评判数据覆盖是否合理，通过随机核查影像查看影像质量是否合格等。

（2）像片控制点成果评价。像片控制成果包括布控方案设计报告、控制点实测报告、控制点数据描述以及控制点数据。根据布控方案设计报告内容，评价控制点布设是否合理、是否出现失控、控制点的选择是否合理等。根据控制点实测报告内容，评价控制点测量操作是否规范、仪器操作是否规范、坐标的获取是否存在问题等。根据控制点数据描述以及控制点数据内容，评价控制点数据是否说得清楚明白，控制点数据是否做到规范标准，特别是点位图、位置说明、坐标等信息是否清晰明了等。

4.2.7　作业报告

无人机摄影航测结束后，需要编写无人机航飞作业报告。记录此次航飞作业详细信息，包括：

（1）无人机航飞作业概况。对航飞作业的背景、任务、目的、精度要求以及注意事项等内容作详细说明。

（2）现场踏勘资料。整理踏勘成果数据、测区自然地理概况、飞行空域状况、人员分组情况、设备分配情况等内容，已有资料罗列。

（3）摄区基本技术要求及技术依据。详细说明项目基本技术要求，确定关键参数，例如：航高、投影极坐标系统、旁向重叠度、航向重叠度等信息，以及成果数据格式、技术依据等。

（4）项目技术设计。针对项目做前期规划设计，确定航摄作业地图，计算摄影比例尺及地面分辨率，选择航摄仪，进行航高设计、航摄分区及航线敷设，规定统一的航摄作业时间。

（5）控制点布设。对像控点统一规划设计，统一命名规则，构建像控格网，分配像控采集任务，确定像控采集技术路线。

（6）航空摄影实施。航摄飞行准备、实际作业记录、作业任务规划。

（7）数据整理情况。上交测绘成果，整理上交测绘成果。

（8）飞行质量检查情况。详细说明数据质量检查结果，包括飞行质量检查、影像质量检查、成果质量检查。

（9）上交测绘成果和资料清单。上交的测绘成果，作详细文档说明，并制作上交资料清单。

无人机航飞作业报告编写时，可以参考如下大纲内容：

1. 无人机航飞作业概况

2. 现场踏勘资料

    2.1 测区自然地理概况

    2.2 飞行空域状况

    2.3 人员配备

    2.4 设备配备

3. 摄区基本技术要求及技术依据

    3.1 基本技术要求

    3.2 成果整理规范

    3.3 项目坐标系及高程坐标系选择

    3.4 技术依据

4. 项目技术设计

    4.1 航摄设计底图确定

    4.2 航摄比例尺及地面分辨率的选择

    4.3 航摄航高确定

    4.4 航摄仪确定

    4.5 航摄分区及航线敷设

    4.6 航摄时间规定

5. 控制点布设

    5.1 航空摄影基本技术指标设计

    5.2 航摄准备记录

    5.3 航摄实施记录

6. 航空摄影实施

    6.1 航摄飞行准备

    6.2 实际作业记录

    6.3 作业任务规划

7. 数据整理情况

8. 飞行质量检查情况

    8.1 飞行质量检查

    8.2 影像质量检查

    8.3 成果质量检查

9. 上交测绘成果和资料清单

    9.1 上交测绘成果说明

    9.2 上交资料清单

习题及思考题

1. 影响无人机飞行的因素包括哪些方面？现场踏勘的内容包括哪些方面？

2. 像控点质量有哪些规范要求？

3. 像控点之记需要包含哪些基本信息?

4. 航测外业飞行有哪些质量规范要求?

5. 航线规划时的注意事项有哪些?

6. 无人机航飞流程一般包括哪些环节?

7. 航测数据整理包含哪些内容?

8. 简述实操无人机航测外业。

9. 整理 1 份完整的航测外业数据成果。

10. 编写 1 份航测外业作业报告。

第5章 航测数据内业处理

5.1 航测数据内业处理规范

5.1.1 国家标准

(1)《测绘基本术语》(GB/T 14911—2008);

(2)《航空摄影技术设计规范》(GB/T 19294—2003);

(3)《IMU/GPS 辅助航空摄影技术规范》(GB/T 27919—2011);

(4)《数字航空摄影规范 第1部分:框幅式数字航空摄影》(GB/T 27920.1—2011);

(5)《1:5000 1:10000 1:25000 1:50000 1:100000 地形图航空摄影规范》(GB/T 15661—2008);

(6)《国家基本比例尺地图图式 第1部分:1:500 1:1000 1:2000 地形图图式》(GB/T 20257.1—2017);

(7)《数字航空摄影测量空中三角测量规范》(GB/T 23236—2009);

(8)《1:500 1:1000 1:2000 地形图航空摄影测量内业规范》(GB/T 7930—2008);

(9)《1:500 1:1000 1:2000 地形图航空摄影测量外业规范》(GB/T 7931—2008);

(10)《1:5000 1:10000 地形图航空摄影测量外业规范》(GB/T 13977—2012);

(11)《1:5000 1:10000 地形图航空摄影测量内业规范》(GB/T 13990—2012);

(12)《全球定位系统(GPS)测量规范》(GB/T 18314—2009);

(13)《数字测绘成果质量要求》(GB/T 17941—2008);

(14)《工程测量标准》(GB 50026—2020);

(15)《测绘成果质量检查与验收》(GB/T 24356—2009)。

5.1.2 行业标准

(1)《城市测量规范》(CJJ/T 8—2011);

（2）《卫星定位城市测量技术规范》（CJJ/T 73—2019）；

（3）《全球定位系统实时动态测量（RTK）技术规范》（CH/T 2009—2010）；

（4）《三维地理信息模型数据产品规范》（CH/T 9015—2012）；

（5）《三维地理信息模型生产规范》（CH/T 9016—2012）；

（6）《三维地理信息模型数据库规范》（CH/T 9017—2012）；

（7）《三维地理信息模型数据产品质量检查与验收》（CH/T 9024—2014）；

（8）《数字航空摄影测量控制测量规范》（CH/T 3006—2011）；

（9）《低空数字航空摄影规范》（CH/Z 3005—2010）；

（10）《低空数字航空摄影测量外业规范》（CH/Z 3004—2010）；

（11）《低空数字航空摄影测量内业规范》（CH/Z 3003—2010）；

（12）《无人机航摄系统技术要求》（CH/Z 3002—2010）；

（13）《无人机航摄安全作业基本要求》（CH/Z 3001—2010）。

5.2　航测数据内业处理流程

无人机航测内业作业流程如图 5-1 所示，其中 POS 解算和数据整理建议在外业环节进行，本节不再赘述。

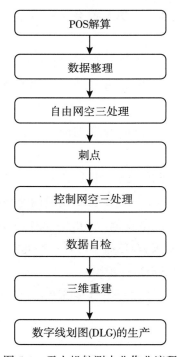

图 5-1　无人机航测内业作业流程

5.2.1 自由网空三处理

5.2.1.1 数据准备

（1）已整理好的 UAV 工程数据；

（2）新建项目数据；

（3）连接服务器，连接到空三平台，连接后可在平台中提交任务。打开软件后选择三维重建，选择连接服务器，输入平台的 IP 地址和端口号，点击"连接"后会正常打开空三平台网页端，如图 5-2 所示。

图 5-2　连接服务器

5.2.1.2 自由网空三处理流程

自由网空三处理主要使用的是南方航测一体化数据处理软件（SouthUAV 软件，下面简称"软件"）。

1）打开或新建项目

具体流程如图 5-3 所示。

（1）打开软件后选择新建或打开已有项目；

（2）命名工程、更改项目所属路径等，点击"确定"；

（3）完成新建项目。

2）工程管理，关联 UAV 工程

（1）点击"工程管理"，弹出工程管理界面，在界面中选择打开文件，选择需要关联的工程，点击"打开"，流程如图 5-4 所示。

图 5-3 新建工程

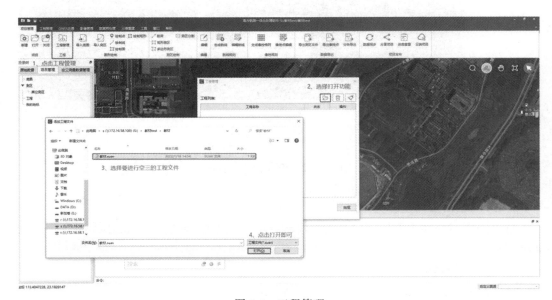

图 5-4 工程管理

（2）在工程列表中显示相应的工程名称、状态和操作等，工程管理界面如图 5-5 所示。

打开：打开 UAV 工程。

删除：列表中选中工程，删除。

清除：清除工程列表中全部工程。

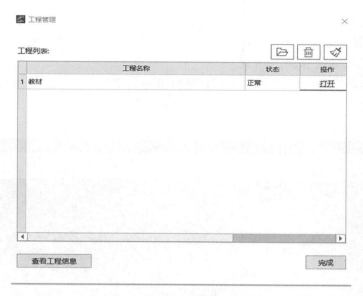

图 5-5　工程管理界面

查看工程信息：查看选中工程信息。

状态：显示工程状态，在关联后工程被清除，会显示异常。

完成：点击完成工程，成功关联项目。

（3）点击"完成"，项目关联工程成功，在目录树项目管理的工程下有相应工程显示，如图 5-6 所示，双击所选工程，右侧地图中显示相应 POS 展点。

图 5-6　项目关联工程成功

3）新建区块

新建区块包括两种方法：工程右键新建区块和测区右键新建区块。

（1）工程右键新建区块。

①关联工程成功后，目录树项目管理选择要进行空三的工程，右键选择新建区块，如图 5-7 所示。

图 5-7　新建区块入口

②在新建区块中设置区块名称，检查工程选择是否正确并设置正确的坐标系，如图 5-8 所示。

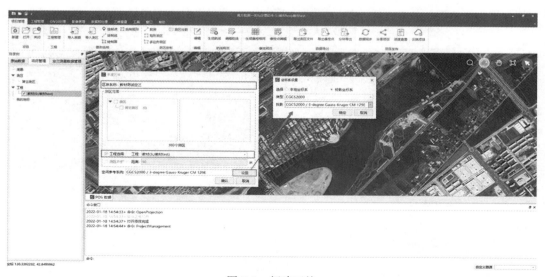

图 5-8　新建区块

③设置完成，点击"确定"，软件开始读取照片，照片在工程路径下并无任何报错后会在目录树的空三测量数据管理中生成相应的区块，点击区块在空三数据面板中选择影像信息的影像组，可查看影像信息，如图 5-9 所示。

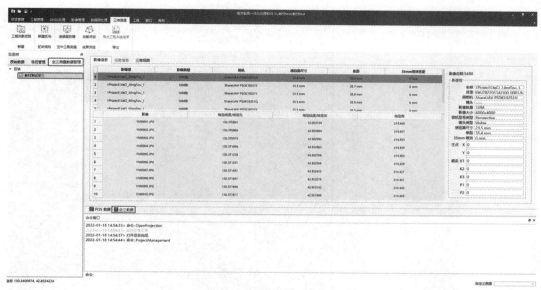

图 5-9　区块和影像信息

切换三维视图可查看区块 POS 点分布情况，右侧选项栏中可调整背景板颜色和将 POS 缩放至视图中心，如图 5-10 所示。

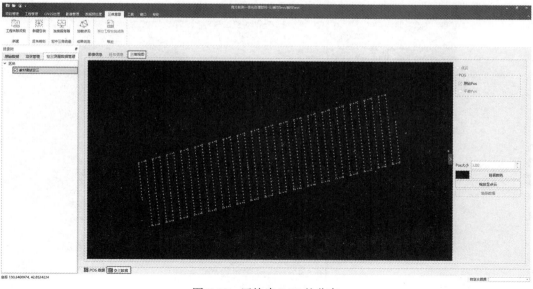

图 5-10　区块中 POS 的分布

（2）测区右键新建区块。

①绘制测区，项目管理中选择矩形测区或多边形测区，在空三工程的展点上绘制需要进行空三的测区范围；如选择多边形测区，在工程展点上绘制需要进行空三的区域，绘制三个或三个以上的点后点击鼠标右键结束，弹出测区确认界面，如图 5-11 所示。

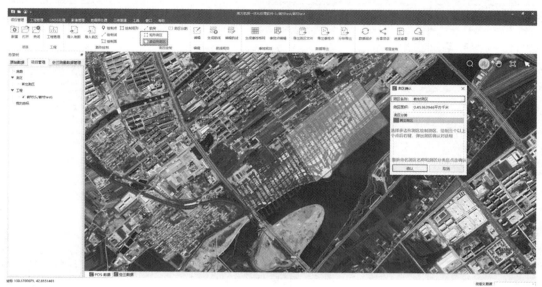

图 5-11　绘制测区

其中测区分类中可以进行添加下级目录或同级目录，点击右键即可添加其他层级目录，在绘制测区完成后，选中想要添加到的测区目录，如图 5-12 所示。

图 5-12　测区层级设置

　　修改测区名称和选择想要添加的目录后点击"确定"，在左侧项目管理的测区下生成相应测区，右侧出现测区信息目录栏，如图 5-13 所示。

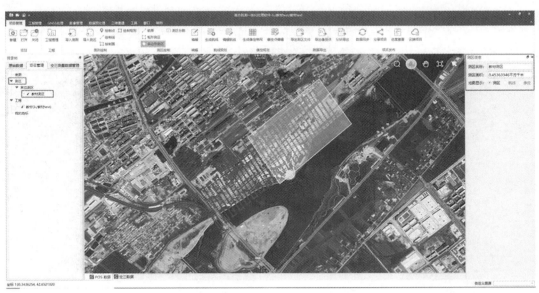

图 5-13　测区在目录树上的位置

　　②选中生成测区，点击右键新建区块，如图 5-14 所示。

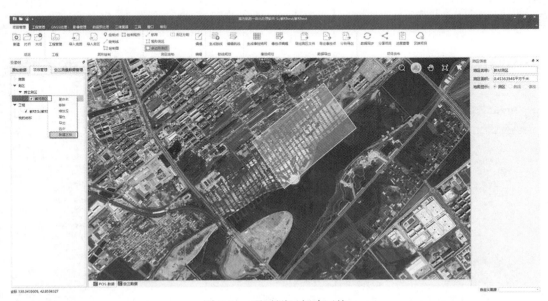

图 5-14　通过测区新建区块

　　③在新建区块中设置区块名称；检查区块范围中所选测区是否正确；可选择测区外

扩，测区外扩的目的是将测区边缘模型重叠度不够而出现拉花的区域通过外扩进行补充；设置正确的空间参考坐标系统后点击"确认"即可，如图 5-15 所示。

图 5-15　新建区块的设置

　　④用软件读取照片，照片在工程路径下并无任何报错后会在目录树的空三测量数据管理中生成相应的区块，点击区块在空三数据面板中选择影像信息的影像组，可查看影像信息，如图 5-16 所示。

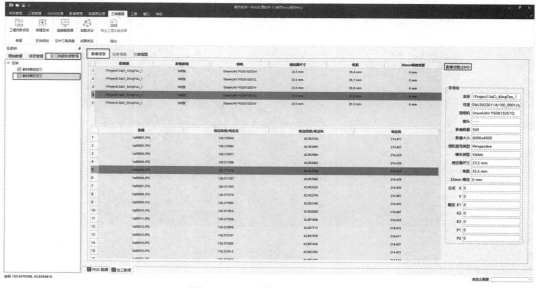

图 5-16　区块中包含影像信息

切换三维视图可查看区块 POS 点分布情况，右侧选项栏中可调整背景板颜色和将 POS 缩放至视图中心，如图 5-17 所示。

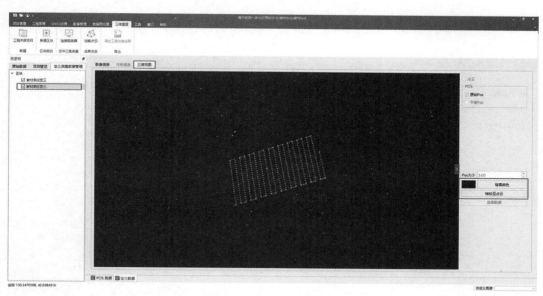

图 5-17 区块中的 POS 分布

注：如果照片不在工程路径下，在命令窗口中会出现相应报错，如图 5-18 所示。

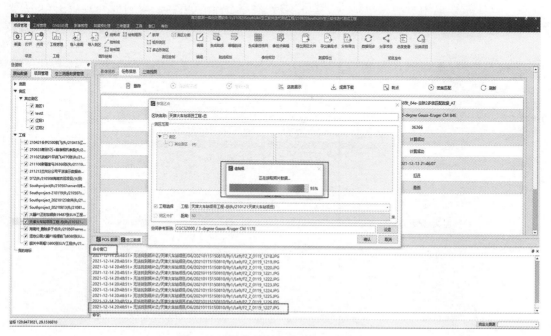

图 5-18 照片不在工程路径下的提示

4）新建空三任务

（1）确定照片在工程路径下并没有任何报错后，选择所建区块检查影像信息中的感应器尺寸、焦距和影像总数均无问题后，在上一步新建空三任务上点击右键，选择新建空三任务，如图 5-19 所示。

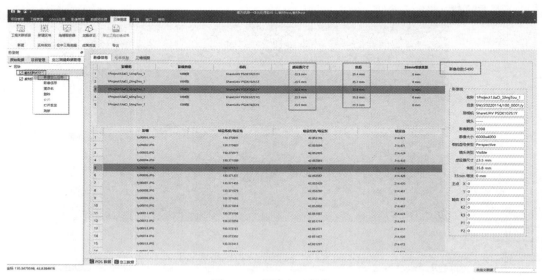

图 5-19　新建空三任务

（2）在新建空中三角测量任务中检查坐标系统和输出路径，重新命名任务名称后点击"确定"，如图 5-20 所示。

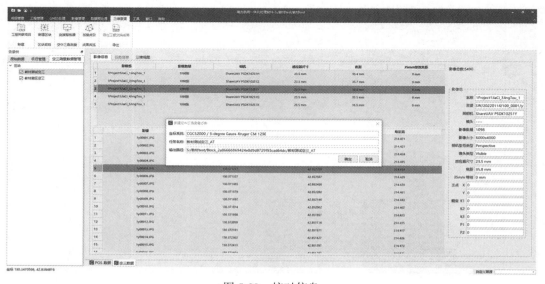

图 5-20　核对信息

（3）新建任务的区块下面自动生成新的空三任务，自动跳转到空三任务的任务信息界面，界面中包含任务名称、坐标系、照片数量、计算阶段和创建时间等信息，对信息检查无误后可进行自由网平差计算，如图5-21所示。

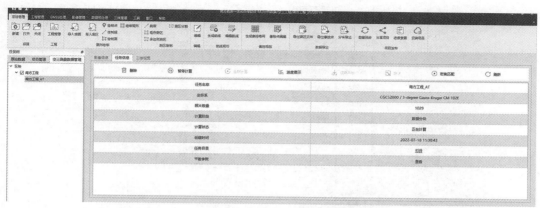

图 5-21 任务信息界面

🗑 删除：删除目前选中的空三任务。

▶ 自由网平差：提交自由网平差，提交后变成暂停按钮，可暂停任务。

↻ 重新计算：任务失败后变为可用，点击可对失败步骤进行重新计算。

≣ 进度展示：点击后可链接到平台，查看任务具体进度。

↓ 成果下载：点击后可选择生成报告和 .xml 文件。

⊞ 刺点：空三完成后刺点。

↻ 刷新：刷新任务进度。

（4）点击自由网平差，在参数设置中设置相应的参数（如图5-22所示），其中提取等级、匹配范围和分块阈值大小可进行调整；提取等级可控制提取特征点的数量，提取特征点数量越多，空三所生成的连接点越多；匹配范围可控制匹配范围大小，范围越大，计算的匹配范围越广，匹配次数越多，计算时间越长；分块阈值控制分块大小，分块越大，每一块包含的照片越多，计算时间越长。可选择匹配方式：GPU 和 CPU，提取等级为高和中时使用 CPU 计算速度更快，提取等级为低时使用 GPU 计算速度更快。目前用于正常空三流程，使用界面默认参数即可，点击"确定"。

（5）提交自由网平差后计算状态和计算阶段改变，并通过刷新按钮可以刷新界面，更新计算状态和计算阶段，如图5-23所示。

其中在平差参数中点击"查看"，可以查看提交自由网平差时设置的参数情况，在任务目录中点击"打开"，可直接打开工程所在目录。

（6）自由网平差计算完成，计算阶段和计算状态均变成完成，在 merge 文件夹下生成了自由网平差的结果，如图5-24所示。

图 5-22　参数设置

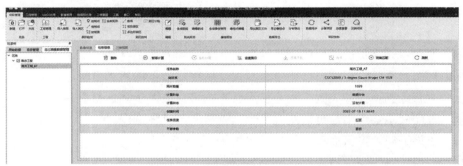

图 5-23　更新计算状态和计算阶段

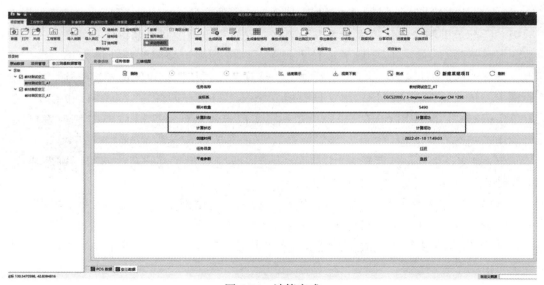

图 5-24　计算完成

点击任务目录，打开，弹出工程所在文件夹，如图 5-25 所示。

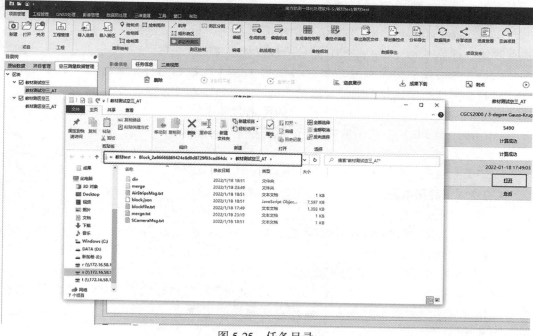

图 5-25　任务目录

进入 merge 文件夹，里面包含空三结果文件，如图 5-26 所示。

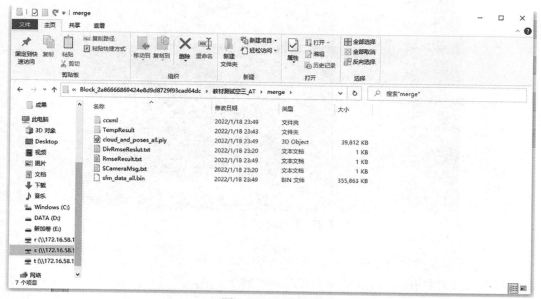

图 5-26　过程成果

ccxml：里面包含自由网空三的 . xml 文件，可导入 ContextCapture 软件，可后续建模。

TempResult：包含每次融合平差迭代结果。

cloud_and_poses_all. ply：自由网空三点云文件。

DivRmseResult. txt：分块平差结果输出简易报告，里面包含每一分块的 rms 值、连接点数量、计算时间、照片数量、剩余照片数和包含的镜头数。

RmseResult. txt：融合平差结果简易报告，包含此数据总体的 rms 值、计算时间、照片总数、剩余照片数和相机镜头数量。

SCameraMsg. txt：相机每个镜头分组的传感器尺寸。

sfm_data_all. bin：空三结果文件. bin 格式。

5.2.2　刺点

5.2.2.1　数据准备

（1）空三数据。

（2）与空三数据相同地点的像控数据，格式为. txt 或. scv。

5.2.2.2　刺点注意要点

（1）刺像控点在影像中的位置要求。

照片刺点位置最好在照片的 3/4 内，不要刺到照片的边缘位置，刺到边缘区域的点会导致精度变差，如图 5-27 所示，像控点在照片的边缘地带，刺点后会使整体精度变差，图 5-27 为像控点在边界的影像。

图 5-27　像控点在边界的影像

（2）像控点在照片中选择要求。

除不要位于太边缘处外，像控点在照片中最好是清晰可识别、通视好的；如出现曝光过度或被植被遮住一半，最好不选择，如图 5-28 所示，放大后照片较为模糊并且被电线遮挡。

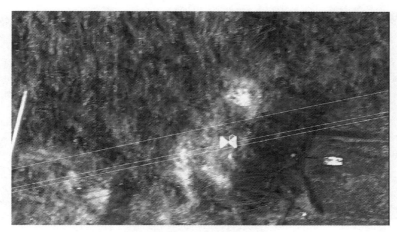

图 5-28 模糊的像控点

（3）刺点一般尽量分布在多个航带的照片上，每个航带刺点数量不少于 9 张，若是边缘点或者某些航线照片较少可以低于此标准，一般不低于 3 张。举个例子，对五镜头数据进行刺点，每个镜头最少刺 3 张，并且 3 张照片不要在一条航带上，一个像控点最少刺 15 张照片。

5.2.2.3　刺点操作流程

刺点主要使用的是南方航测一体化数据处理软件（SouthUAV 软件，下面简称"软件"）。

（1）完成空三后，在任务信息界面中点击"刺点"，如图 5-29 所示。

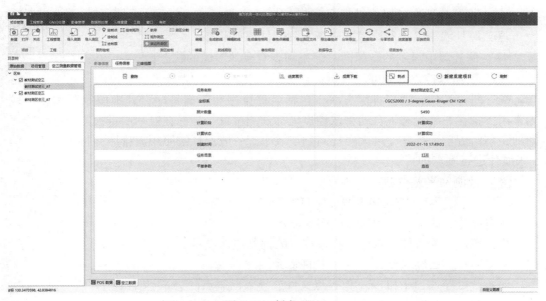

图 5-29 刺点入口

（2）等待加载 .bin 文件，进入刺点界面，在刺点界面的右下角可以查看 POS 点分布，如图 5-30 所示。

图 5-30　刺点界面

⬆：照片墙向上翻一页；

⬇：照片墙向下翻一页；

🔍：将照片墙中的影像进行全部放大；

🔍：将照片墙中的影像进行全部缩小；

▦：照片墙中显示的影像同时恢复到默认缩放状态；

▦：照片墙中显示的影像同时缩小到查看全部影像的状态；

⚙：取消像控点的全部已刺点；

⚙：排序按钮，选择排序方式，包括名称排序和距离排序；其中按照距离排序较为常用，指在三维状态下自动将像控点坐标预测位置与坐标在航片中重投影坐标位置之间的距离由近至远排序，可大幅提高刺点效率。一般选择按照距离排序并将每个镜头前 5 张航片进行刺点即可。

⚙：控制网平差按钮；

▭🔍：输入字母或文字可对影像进行模糊搜索；

所有照片：此空三工程所有的照片显示；

相关照片：导入像控点后选择像控点的预刺照片显示；

刺点照片：已刺点照片在照片中的显示；

导入：可导入 .txt 和 .scv 像控点文件或导入已刺点的 .xml 文件；

导出刺点：将已导入的像控点和已刺点导出为 .xml 格式文件；

查看控制点：查看控制点信息和设置检查点；

删除：删除选中的像控点。

（3）导入像控点。点击"导入"，选择导入控制点按钮，进行像控点导入；点击导入像控点文件按钮，选择要导入的文件，如图 5-31 所示。

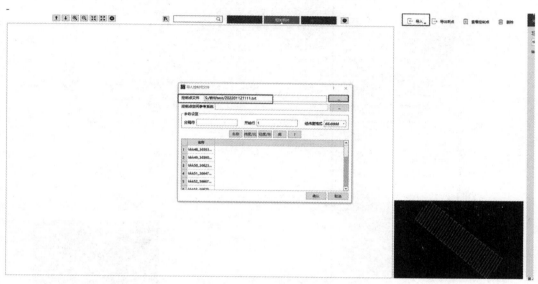

图 5-31　选择像控点文件

设置控制点空间参考系统，参考系统要与像控点采集时的参考系统一致，如图 5-32 所示。

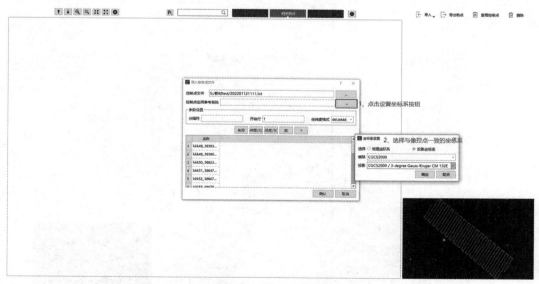

图 5-32　设置坐标系

175

　　设置参数，包括分隔符、开始行、经纬度对齐等参数。分隔符默认为"，"或空格，可自行更改；如果文件第一行不是像控点信息，需更改开始行，如图 5-33 所示。

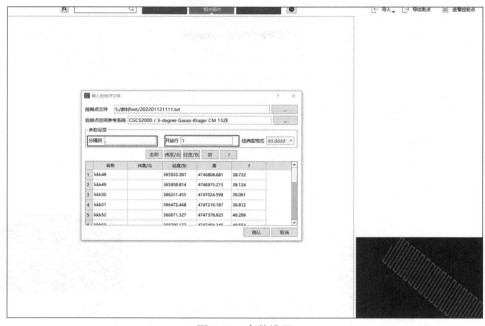

图 5-33　参数设置

　　将名称、(纬度)北、(经度)东和高与像控文件信息进行对应，选中一列后选择对应的按钮，如选择名称那一列再选择名称按钮，即可完成对应，对应完成后点击"确定"，如图 5-34 所示。

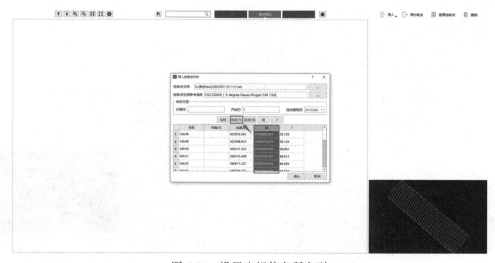

图 5-34　设置坐标信息所在列

等待像控点写入数据库并获取预刺点，完成导入控制点，在刺点界面的右侧显示像控点的列表，在右下角的视图中会展示出导入像控点分布，可进行放大缩小；如像控点坐标系选择错误，在视图中 POS 和像控点无法叠加到一处。选中一个像控点，默认相关照片墙中会显示预测照片，并圈出预测位置，一般空三精度较好，预测点的位置会在像控点位置附近，如图 5-35 所示。

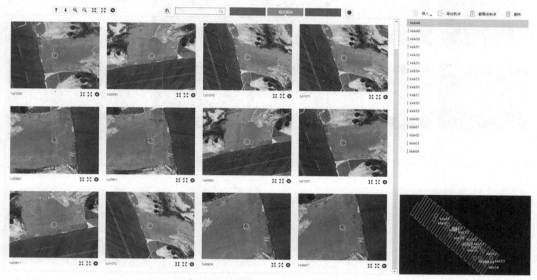

图 5-35 像控点导入照片墙展示

（4）刺点。选中一个像控点后，在照片墙中显示影像，通过点击同时放大按钮，照片墙中的影像同时放大到像控点预刺位置，在像控点采集的位置进行刺点，刺点按住 Shift+鼠标左键即可，按住 Alt+鼠标滚轮，照片墙可以进行向下翻页。刺点完成后会在刺点影像的位置处生成一个刺点标志，刺点照片名字会高亮显示，右侧测量栏中相应的像控点出现已刺点数量，将收藏栏打开可检查已刺点的照片名，左下角视图已刺像控点由黑色变为红色，如图 5-36 所示。

刺点小妙招：通过搜索功能对不同镜头照片进行搜索，如在此工程中，搜索下视照片在搜索框中输入 x，可将相关照片中的下视镜头筛选出来，排序方式按照距离排序，刺照片墙中的前 6 张通视较好的影像即可；其他方向的镜头如上述一般操作即可完成刺点，可以提高刺点效率。

其中像控点包括两种（如图 5-37 所示）：第一种为人工进行喷漆或放置图标，有固定的形状，刺点时刺图标中心位置、直角的内角点或直角的外角点等；第二种为建筑物的特征点，如道路的拐角点等，像控点具体情况会在外业拍照制作点之记，拍照规则为像控点近景和远景分别拍一张照片。

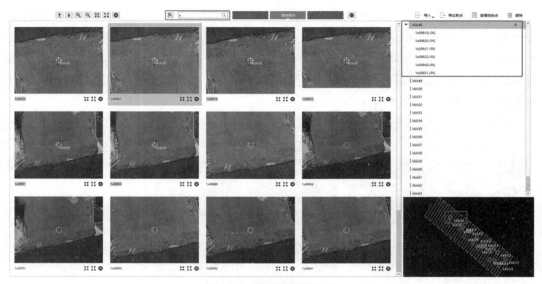

图 5-36　像控点刺点展示

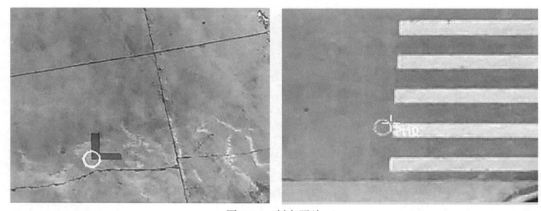

图 5-37　刺点照片

5.2.3　控制网空三处理

5.2.3.1　数据准备

刺点完成的自由网空三数据。

5.2.3.2　控制网空三处理流程

控制网空三处理主要使用的是南方航测一体化数据处理软件（SouthUAV 软件，下面简称"软件"）。

（1）将导入的像控点完成刺点，点击控制点平差按钮，弹出参数设置对话框，在其中设置好相关参数，可以保持默认参数，确定后提示调用服务器进行分布式平差，如图 5-38 所示。

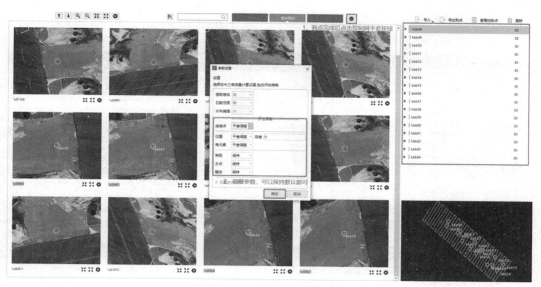

图 5-38　提交控制网平差

（2）成功调用分布式平差后，刺点界面自动关闭，在命令窗中提示控制网平差开始，在相应的空三任务下生成控制网平差任务 CAT01，选中控制网平差任务，自动切换到相应的任务信息面板，提示计算阶段为控制网平差，计算状态为计算中，如图 5-39 所示。

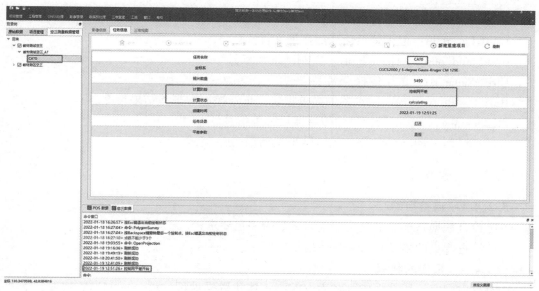

图 5-39　控制网平差开始计算

（3）控制网平差计算成功后，控制网平差的任务信息面板中的计算状态变为成功，在任务目录中选择打开，查看目录下生成的成果文件，如图 5-40 所示。

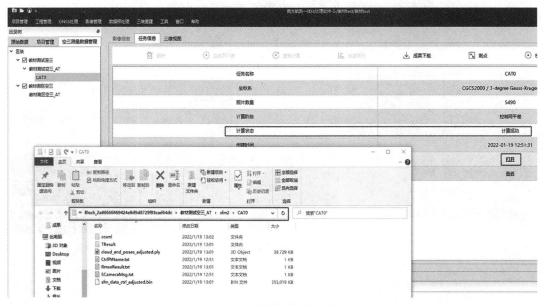

图 5-40　查看控制网平差成果入口

ccxml：此文件夹中存放的为空三结果 .xml 格式文件，可导入 ContextCapture Center 软件进行空三建模。

TResult：此文件夹下存放的为控制网平差每次迭代的结果。

CAT013.mkdb：记录刺点信息的数据文件。

cloud_and_poses_adjusted.ply：控制网平差点云结果。

CtrlPtName.txt：记录像控点名字信息。

RmseResult.txt：控制网平差的简单报告，记录控制网平差结果精度。

SCameraMsg.txt：记录相机的传感器尺寸等信息。

sfm_data_ctrl_adjusted.bin：控制网平差结果 .bin 格式。

5.2.4　数据自检

5.2.4.1　自检目的

（1）检查数据整理的情况及数据质量是否满足要求；

（2）检查刺点的精度是否满足建模精度要求。

5.2.4.2　报告的获取

（1）自由网空三质量报告，在南方航测一体化数据处理软件（SouthUAV 软件，下面简称"软件"）的自由网空三处理操作执行成功后，点击"成果下载"按钮，点击报告旁边的"生成"按钮生成报告，报告生成后，勾选报告选项，点击"预览"按钮即可打开报告，点击"打开"按钮即可打开报告文件所在路径。

（2）控制网空三质量报告，软件的控制网空三处理操作执行完成后，点击"成果下载"按钮，点击报告旁边的"生成"按钮生成报告，报告生成后，勾选报告选项，点击"预览"按钮即可打开报告，点击"打开"按钮即可打开报告文件所在路径。

5.2.4.3 报告解读

1. 自由网空三质量报告

1）任务概况

任务概况包括任务名称、区块名称、作业时间、坐标参考系等信息，如表 5-1 所示。

表 5-1   **任务概况表**

任务名称	****数据_AT
区块名称	****数据
作业时间	2021-12-13 21：46：07
坐标参考系	CGCS2000/3-degree Gauss-Kruger C **
平均地面分辨率	0.019380

2）匹配平差表

匹配平差表中包含平差的一些设置项和平差情况，如表 5-2 所示。

表 5-2   **匹配平差表**

参与计算片数	36366
平差情况	35864 个成功，502 个失败
关键点	17375115
连接点	3272875
平均地面高程	361.845
是否使用 CPU	是
提取等级	高
匹配范围	高
分块阈值	小

3）空三信息表

通过该表可以知道本次任务分块情况、运行总时间、融合时间及平差耗费时间，如表 5-3 所示。

表 5-3　　　　　　　　　　　　　　　　空三信息表

分块数量	32
空三分块耗时	25 秒
空三开始时间	2021-12-13 21：46：21
空三完成时间	2021-12-14 05：39：01
空三融合耗时	1 小时 21 分 47 秒
平差耗费时间	5 小时 18 分 23 秒

4）相机校准结果表

由表 5-4 可以知道各个相机的原始值参数及优化值参数，优化值的焦距单位是像素，原始值的焦距单位是毫米。

表 5-4　　　　　　　　　　　　　　　　相机校准结果

	相机 ID	宽	高	焦距	x_0	y_0	k_1	k_2	k_3	p_1	p_2
原始值	0	6000	4000	35.00	3000.0000	2000.0000	0.0000000000	0.0000000000	0.0000000000	0.0000000000	0.0000000000
优化值	0	6000	4000	9082.85	2944.828604	2035.047125	−0.00	-4.38779×10^{-2}	-2.07687×10^{-2}	-2.62543×10^{-4}	-4.73074×10^{-5}
原始值	1	6000	4000	35.00	3000.0000	2000.0000	0.0000000000	0.0000000000	0.0000000000	0.0000000000	0.0000000000
优化值	1	6000	4000	9082.45	2946.726980	2045.463206	−0.01	-6.29290×10^{-2}	5.44630×10^{-2}	-5.57540×10^{-5}	9.04050×10^{-5}
原始值	2	6000	4000	25.00	3000.0000	2000.0000	0.0000000000	0.0000000000	0.0000000000	0.0000000000	0.0000000000
优化值	2	6000	4000	6571.09	2982.939072	1945.564387	−0.04	6.22507×10^{-2}	-1.99656×10^{-2}	-8.28162×10^{-6}	8.82343×10^{-5}

5）影像位置图

与元数据的位置距离：顶视图（XY 平面）、侧视图（ZY 平面）和前视图（XZ 平面），箭头表示元数据位置与计算出的影像位置之间的偏移；所有箭头都起始于元数据位置并指向计算出的位置。值以米为单位，最小距离为 0.2402m，最大距离为 1.3992m。中位位置距离等于 0.7684m，如图 5-41 所示。

6）影像匹配图

每个连接点的观测数：所有连接点的顶视图（XY 平面）、侧视图（ZY 平面）和前视图（XZ 平面）显示图，颜色表示用于定义每个点的影像的数量，如图 5-42 所示。

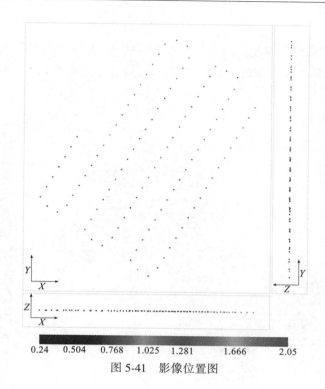

0.24 0.504 0.768 1.025 1.281 1.666 2.05

图 5-41　影像位置图

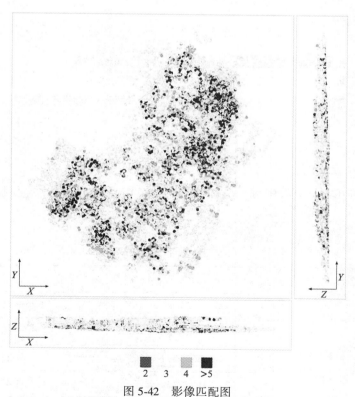

2 3 4 >5

图 5-42　影像匹配图

7）重投影误差

每个连接点的重投影误差：所有连接点的顶视图（XY 平面）、侧视图（ZY 平面）和前视图（XZ 平面）显示图，颜色表示重投影误差（以像素为单位），如图 5-43 所示。

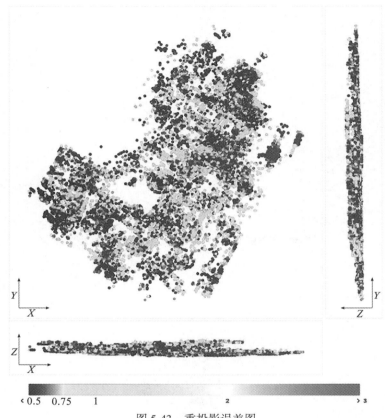

图 5-43　重投影误差图

8）空三分块平差结果

由表 5-5 可知空三分块中每一块自由网平差的 RMSE 值和每一块自由网平差所用的时间。

表 5-5　　　　　　　　　　　　　　　　空三分块平差结果

分块名称	RMSE	时间
0	0.397987	1 小时 2 分 57 秒
1	0.373786	2 小时 30 分 11 秒
2	0.399572	1 小时 22 分 57 秒
3	0.387429	1 小时 43 分 37 秒

分块名称	RMSE	时间
4	0.397759	1 小时 51 分 57 秒
5	0.388207	1 小时 9 分 46 秒
6	0.381123	2 小时 27 分 30 秒
7	0.388755	1 小时 46 分 56 秒

9）RMSE 值

通过表 5-6 可知自由网平差后数据精度，迭代优化 RMSE 值小于 0.4 则为符合精度要求。

表 5-6　　　　　　　　　　　　　　　**RMSE 值**

RMSE	
融合平差	1.111032
迭代优化	0.257753
GSD	0.019380

2. 控制网空三质量报告

（1）任务概况、匹配平差、空三信息、校准结果、影像位置、影像匹配、重投影误差，这些图及表格与自由网平差的一致，不再赘述。

（2）空三分块平差结果。此处的表中指每一块控制网平差的 RMSE 值和每一块控制网平差所用的时间，表格样式与自由网平差一致。

（3）RMSE 值。通过该表可以知道控制网平差后数据的精度，表格样式与自由网平差一致。

（4）控制点精度表。通过表 5-7 可以知道每一个控制点的刺点精度，看重投影误差的值是否小于 1，颜色为绿色则为符合精度要求。

表 5-7　　　　　　　　　　　　　　　**控制点精度**

名称	类别	精度（m）	已校准的影像数	重投影误差RMS（像素）	与光线的距离的 RMS（m）	三维误差（m）	水平误差（m）	垂直误差（m）	
B9	三维	水平：0.01；垂直：0.010	0（0 marked photos）						
B2	三维	水平：0.01；垂直：0.01	5（5 marked photos）	0.45	0.0125	0.0148	X：0.0061；Y：0.0078	0.011	✓

续表

名称	类别	精度(m)	已校准的影像数	重投影误差RMS(像素)	与光线的距离的RMS(m)	三维误差(m)	水平误差(m)	垂直误差(m)	
B3	三维	水平:0.01;垂直:0.01	4(4 marked photos)	0.66	0.0183	0.0154	X:-0.0021;Y:-0.0128	-0.0082	✓
B4	三维	水平:0.01;垂直:0.01	5(5 marked photos)	0.42	0.0103	0.0079	X:0.0036;Y:-0.0044	0.0056	✓
B6	三维	水平:0.01;垂直:0.01	5(5 marked photos)	0.45	0.0104	0.008	X:-0.006;Y:0.0001	0.0052	✓
B8	三维	水平:0.01;垂直:0.01	5(5 marked photos)	0.65	0.0183	0.0122	X:0.0046;Y:0.0095	0.0061	✓
整体 RMS				0.53	0.0144	0.0121	X:0.0047;Y:0.0082	0.0075	
中值				0.45	0.0125	0.0122	X:0.0036;Y:0.0001	0.0056	

(5)检查点精度表。通过该表可以知道每一个检查点的精度,颜色为绿色则为符合精度要求。

5.2.5　三维成果生产重建

5.2.5.1　三维重建目的

生产数字正射图(DOM,.tiff 格式)、数字表面模型(DSM,.tiff 格式)、实景三维模型(.osgb 格式)。

5.2.5.2　数据准备

(1)原始航测照片数据;

(2)从 SouthUAV 软件中生产的自由网平差或控制网平差结果。

5.2.5.3　三维成果生产流程

(1)点击空三成果界面"新建重建项目"按钮,界面中弹出"三维重建"和"正射影像/DMS"选择框,如图 5-44 所示。

(2)选择生产不同的三维成果。

①三维重建,选择三维重建选项,在所选的空三工程下生成三维重建工程,并跳转到三维重建任务面板,点击"三维建模",弹出建模时需设置的分块参数信息(如图 5-45 所示),根据计算机硬件配置和模型瓦块生产要求调整瓦块内存占用大小。更改网格尺寸大小,会实时计算当前重建工程瓦片数量和平均内存大小,平均内存大小不得超过计算机物理内存容量,一般建议设置值约为物理内存的一半。

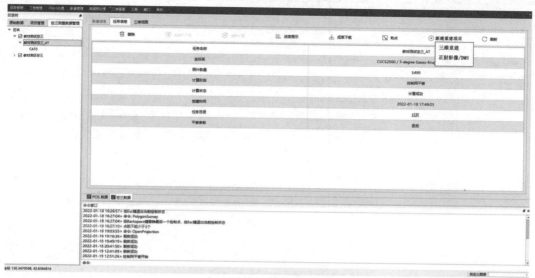

图 5-44　选择三维重建成果

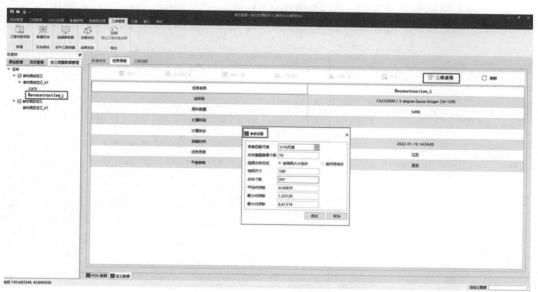

图 5-45　三维重建设置参数

　　设置模型分块参数完成后，点击"确定"按钮，弹出生产模型格式设置和输出坐标系设置等的参数界面（如图 5-46 所示）。设置相关参数，设置名称；目的选择 3D mesh；生产模型的格式较多，但常用格式为 OSGB，其他参数默认即可；选择正确的空间参考系统；进行生产模型的范围定义，选择编辑可定义生产某块模型或从文件导入确定生产模型范围；目标可更改输出目录；设置完成后直接提交即可。

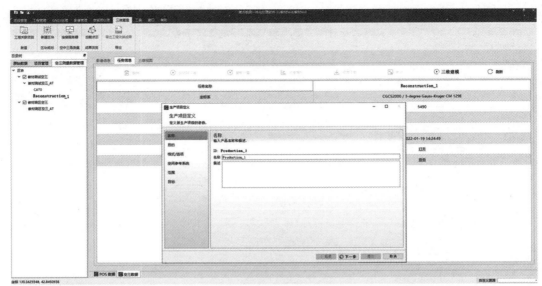

图 5-46　设置工程参数

参数设置完成后,点击"提交"按钮,在相应的三维重建工程目录下生成模型生产项目,点击开始建模,等待瓦片提交完成后即可进行模型或影像生产,如图 5-47 所示。

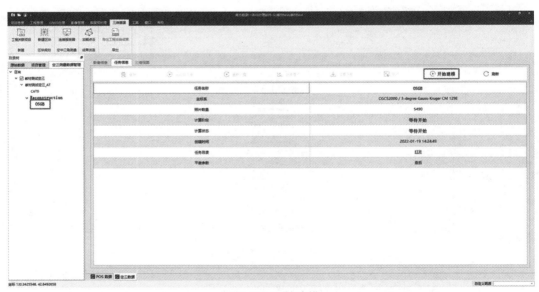

图 5-47　开始建模

②正射影像/DMS。正射影像生产过程与三维重建过程相同,读者可根据上述内容自己探索生产正射影像。

(3)等待生产结束后打开成果文件夹,如图 5-48 所示。

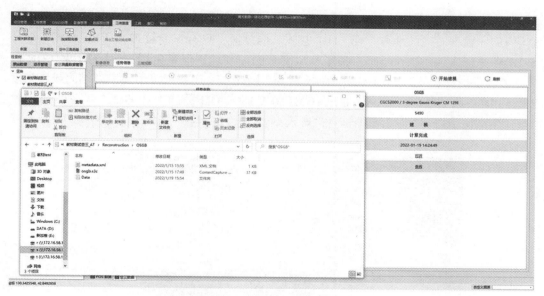

图 5-48 打开生产模型文件夹

生产结束后点击相应工程的三维视图，可查看模型效果，如图5-49所示。

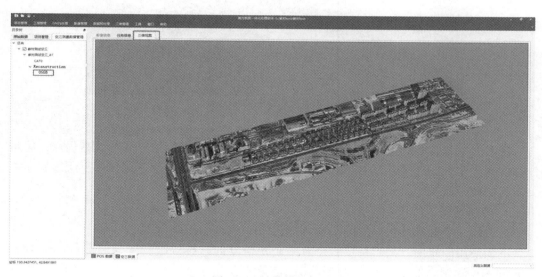

图 5-49 三维模型展示

5.2.6 数字线划图（DLG）的生产

5.2.6.1 基于 DSM（DEM）+DOM 结合的生产

1. 背景介绍

通过 DSM（DEM）和 DOM 叠加生产的 2.5 维垂直摄影模型是没有侧面纹理的，因为两个文件叠加生成模型的原理可以理解为，将 DSM（DEM）文件中每一个地方的高程赋值给 DOM 数据对应的地方，而 DOM 也是二维数据，只有正面纹理，所以 DSM（DEM）与 DOM 叠加生成的 2.5 维垂直摄影模型没有侧面纹理，但是生产 DOM 及 DSM（DEM）文件需要的时间比生产倾斜实景三维模型少。因此在生产不需要用到模型侧面或者精度较低的 DLG 数据时，可以使用通过 DSM（DEM）和 DOM 叠加生产的 2.5 维垂直摄影模型进行绘制，图 5-50 为 2.5 维垂直摄影模型。

图 5-50　2.5 维模型无侧面纹理

同时，DSM（DEM）叠加 DOM 的主要使用场景还有用于提取等高线、高程点，但是注意使用 2.5 维垂直摄影模型绘制房子时，由于是直接采集了房子的顶部，所以后期需要做房檐改正等操作。

2. 数据准备

准备同一个区域及相同坐标系的 DSM（DEM）文件、DOM 文件。

下面使用广州南方测绘科技股份有限公司研发的三维裸眼测图软件进行基于 DSM（DEM）+DOM 结合的生产 DLG 数据的操作流程介绍，生成 2.5 维模型。

（1）启动软件，点击"生成 3D 模型"功能，如图 5-51 所示。

（2）导入数据，添加 DOM 和 DSM（DEM）数据，如图 5-52 所示。

（3）设置生成模型的存放路径，一般来说，生成的 2.5 维模型文件的数据量约等于 DOM 与 DSM（DEM）文件数据量总和的 3 倍左右，所以设置的存放路径需要留有足够的存储空间，如图 5-53 所示。

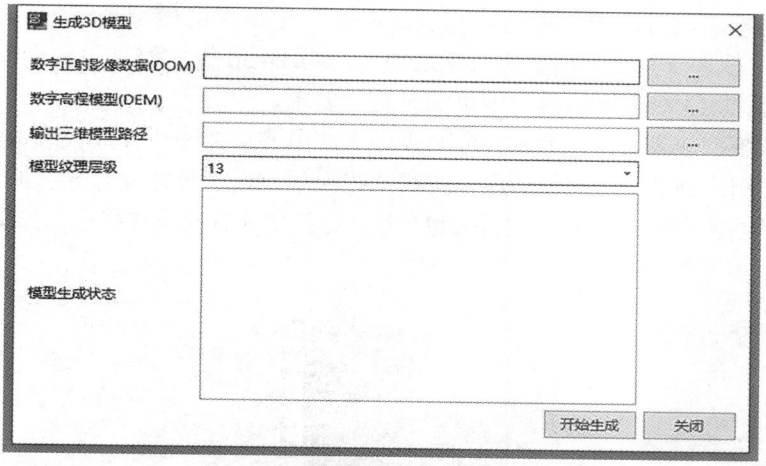

图 5-51　"生成 3D 模型"界面

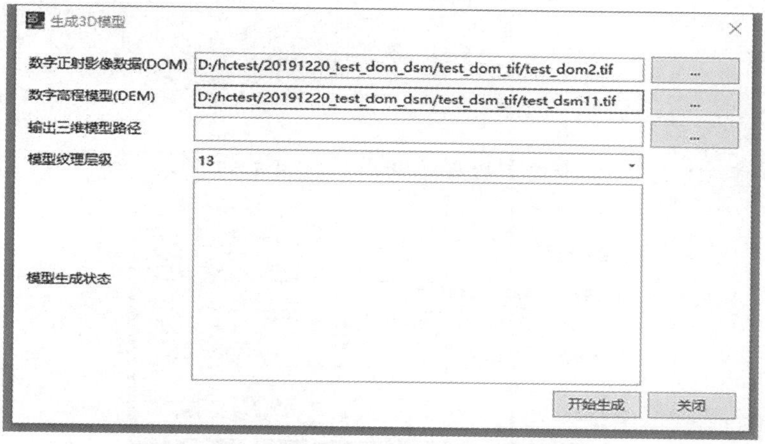

图 5-52　添加数据

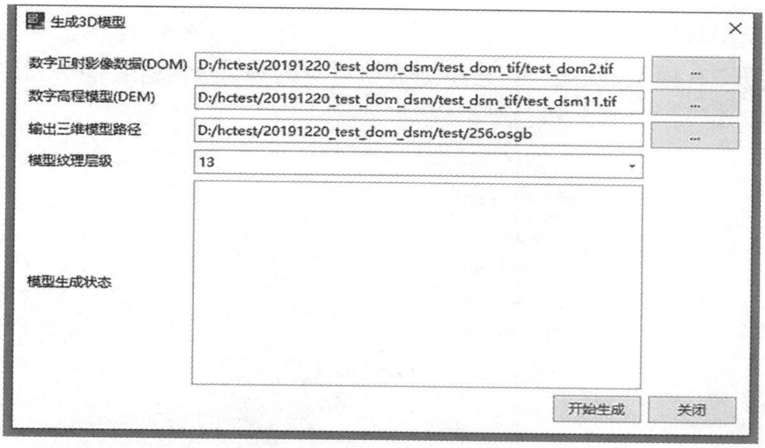

图 5-53　设置存储路径

（4）设置模型纹理层级。模型纹理层级越高，则生成的模型越清晰，数据量越大，耗时也越久。软件支持设置的模型纹理层级范围为 1 ~ 30 级，但是一般来说，模型纹理层级保持默认的 13 级生产的模型即可满足精度要求。

（5）生成模型成果文件。生成的模型成果文件主要包括一个存放模型数据的文件夹，一个 .osgb 索引文件及一个基础文件，注意这些模型成果文件需要存放在同一文件夹内，在拷贝 2.5 维模型数据的时候，记得把包含这些数据的文件夹整体拷走，如图 5-54 所示。

256_root_L0_X0_Y0　　　　256.osgb　　　　256.osgb.task.0.added

图 5-54　模型成果文件

3. 新建 3D 工程

点击"新建 3D 工程"，设置工程存放路径，如图 5-55 所示。

图 5-55　创建 3D 工程

4. 导入模型数据

点击"打开 3D 模型"功能，指定模型数据对应的 .osgb 索引文件所在路径，选择完成后，点击"确定"，如图 5-56、图 5-57 所示。

图 5-56　导入模型数据

图 5-57　模型数据加载完成

5. 采集地物

1）地物编码

绘图的所有地物和注记对象的表达以要素类型为基础，用不同的要素编码表达，绘制地物须选择相应的编码，下面介绍选择地物编码的方法。

（1）可以从编码表中搜索或者直接找到对应的地物编码，然后双击该地物编码即可，如图 5-58 所示。

图 5-58　编码表

（2）可以从绘图面板中搜索或者直接找到对应的地物编码，然后点击该地物编码即可，如图 5-59 所示。

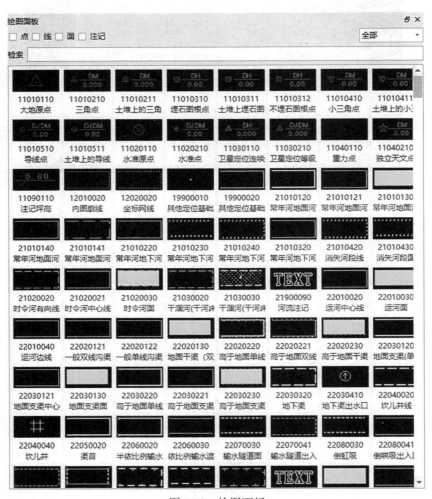

图 5-59　绘图面板

2）点地物绘制

选择地物编码后，直接单击鼠标左键在模型上进行绘制即可，如图 5-60 所示。

3）线状地物绘制

选择线状地物编码后，直接在绘图区域绘制以线状表示的地物，包括道路、地类界、斜坡等。绘制中，依次点击地物的各节点，点击鼠标右键结束绘制。地物宽度不同的分段绘制，使用捕捉以避免悬挂，如图 5-61 所示。

4）面状地物绘制

选择面状地物编码后，直接在绘图区域绘制以线状表示的地物，包括房屋等。绘制中，依次点击地物的各节点，点击鼠标右键结束绘制，地物自动闭合。注意绘制共面或共线地物时，使用捕捉避免出现面缝隙等拓扑错误，如图 5-62 所示。

图 5-60　点地物的绘制

图 5-61　线状地物的绘制

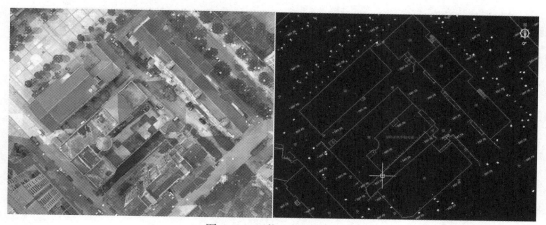

图 5-62　面状地物的绘制

　　5）常用地形要素的绘制

　　（1）房屋的绘制。

　　选择地物编码，常用的房屋编码为"建成房屋"，然后将鼠标放在房角处，依次采集房角，采集完成后，将鼠标移动到地面区域，然后点击鼠标右键闭合地物，如图 5-63 所示。

图 5-63　房屋的绘制

　　（2）道路的绘制。

　　选择交通线图层中的某一个地物编码，沿着道路进行绘制即可。软件有多种快捷键，如"捕捉 A/扩展 V/圆弧 Q/区间跟踪 N/撤销（U/Z）/闭合 C/隔一点闭合 G/隔一点 J/换向 H/居中 X/拟合切换 S/捕点 D/捕最近点 E/捕捉高程 M/切换 P"，支持在遇到需要绘制曲线的地方可以一键切换，并且如果绘制的道路是相对平行的，可以使用"CAD 双线"功能，便可以在绘制完道路一侧后，自动生成另一侧道路线。

　　如果绘制完道路需要微调，还可以使用"修线续接"功能，对绘制好的道路进行修正、续绘或者拼接，如图 5-64 所示。

图 5-64　道路的绘制

（3）高程点的采集。

软件支持自动从模型上采集高程点，功能介绍如下（图 5-65 为提取高程点设置界面）：

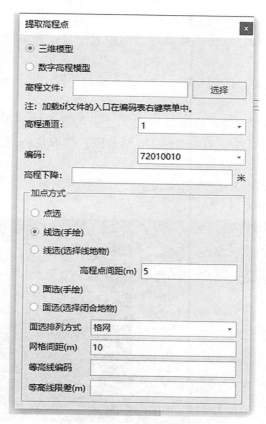

图 5-65　提取高程点界面图

- 三维模型：指从模型上直接提取高程点。
- 数字高程数据：从编码表右键菜单中的"插入影像数据"处导入 DOM 数据，再从"提取高程点"面板中的"高程文件"处导入 DEM（DSM）数据作为高程数据。
- 高程通道：若这个数据有多个通道，需要手动指定哪个通道是高程数据，一般只有一个通道。

加点方式：

- 点选：以单击处为圆心，在圆心处增加高程点；
- 线选（手绘）：手动绘制一条折线，在线间距有效时，沿线方向每相隔输入间距值增加高程点，点击右键结束；
- 线选（选择线地物）：选择好线后，逻辑与线选（手绘）方式一样；
- 面选（手绘）：按给定网格间距在所选范围内生成的网格中心位置增加高程点，

点击右键结束；
- 面选(选择闭合地物)：选择好面后，逻辑与面选(手绘)方式一样。

操作步骤如下：

①点击"提取高程点"功能，指定采集的方式，此处选择"三维模型"。

②指定加点方式，根据需要选择加点方式。

- 点选：启动功能，点击需要高程点的位置，自动提取出高程点，并标出高程标注。
- 线选：启动功能，绘制线段，设置高程点的间距，右键根据设置的间距自动生成高程点。
- 面选：启动功能，等高线限差 0.5(限差：与等高线的距离 0.5 的位置不提取高程点，避免点线矛盾)，手动绘制范围，提取高程点或选择闭合的面状地物，直接提取出高程点。

③指定完成后，直接使用鼠标在模型上进行高程点的采集即可，如图 5-66 所示。

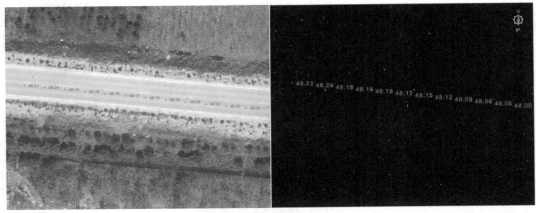

图 5-66　高程点的采集

(4)等高线的采集。

①根据高程点生成等高线。

a. 采集高程点或导入高程点。

直接在模型上采集高程点，或者导入高程点文件(. dat)，如图 5-67 所示。

b. 构建三角网。

点击"构建 DTM"功能，该功能支持根据图面上的已有高程点或测量点生成三角网(如图 5-68 所示)，可选择图面全部点或者手动选择点方式来建立三角网(如图 5-69 所示)。在建立三角网的时候，若需要考虑地性线，还可选择勾选"考虑陡坎"和"考虑地性线"。操作步骤：勾选"由高程点生成"。由于当前图面所有的高程点就是我们想要的高程点，所以勾选"图面全部点"，点击"确定"按钮，如图 5-68 所示。

图 5-67 高程点

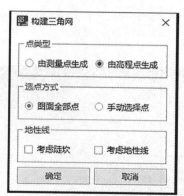

图 5-68 构建 DTM

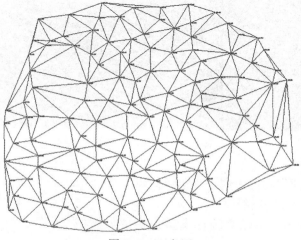

图 5-69 三角网

c. 生成等高线。

使用"绘制等高线"功能，选择"全图追踪"，设置等高距为"1"m，其他参数根据实际情况调整，设置完成后，点击"确定"，如图 5-70 所示。生成的等高线如图 5-71 所示。

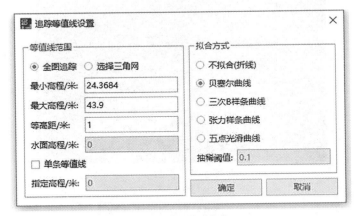

图 5-70　设置参数

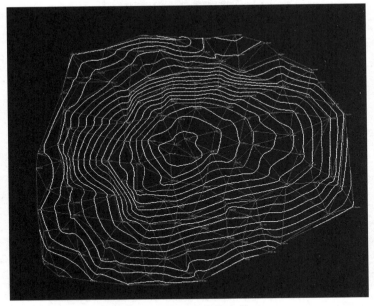

图 5-71　生成的等高线

点击"删除三角网"功能，删除三角网，如图 5-72 所示。

②模型上直接提取等高线。

使用"提取等高线"功能直接在模型上提取等高线（如图 5-73 所示），操作步骤如下：

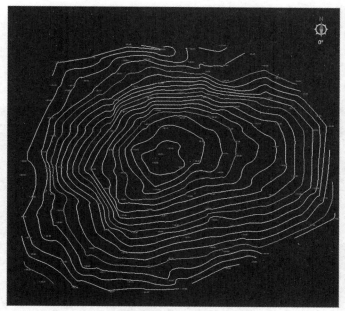

图 5-72　删除三角网后的等高线

a. 点击"等高线"菜单中"等值线绘制"功能组的"提取等高线"按钮。

b. 命令行提示"选择范围 D/请绘制生成等高线的范围："，在模型上绘制生成等高线的范围或者按"D"键选择一个面作为范围。

c. 命令行提示"请输入等高距<5.0>："，根据需要输入等高距，默认是 5m。

d. 在"拟合方式"框中，用户可根据要求选择生成的等高线的拟合方式。同时，还可输入等高线的抽稀阈值，用来控制生成的等高线的节点密集程度，但只对三次 B 样条曲线、张力样条曲线和五点光滑曲线有效。

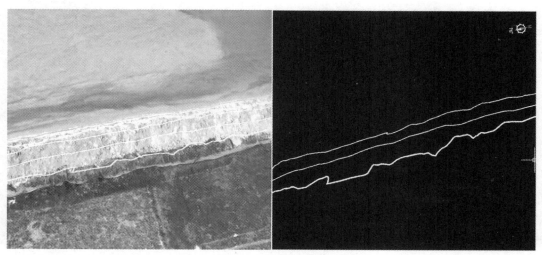

图 5-73　提取等高线

③手绘等高线。

设置绘制的等高线的高程，开启锁定高程功能，选择等高线地物编码，直接在模型上开始绘制即可，如图 5-74 所示。注意：开启了锁定高程后，绘制的地物每一个节点的高程都是一样的。

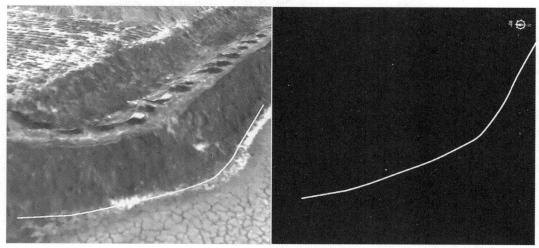

图 5-74　手绘等高线

（5）植被的绘制。

植被根据项目要求进行绘制，有以下两种方案：

● 绘制了地类界后进行植被符号填充（如图 5-75 所示）。使用快速填充功能对绘制好的封闭的地类界进行符号填充，操作步骤如下：

a. 选中一个闭合线或面地物。

图 5-75　填充后效果

b. 在编码表中单击需要填充的点编码(植被符号)。

c. 点击绘制模块下的"快速填充",设置填充密度即可。

● 绘制植被地物。

选择对应的植被地物编码,在绘图区域进行绘制即可,如图 5-76 所示。

图 5-76　绘制的植被地物

(6)斜坡的绘制。

采集时先采集坡顶,再采集坡底,系统自动生成二、三维斜坡符号,斜坡数据与实景模型相吻合,如图 5-77 所示。快捷键使用:"J"设置或取消转折点,"K"设置或取消特征点。

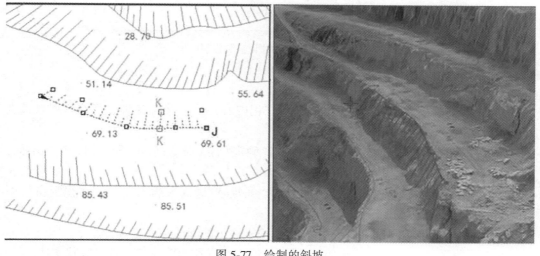

图 5-77　绘制的斜坡

操作方法：

a. 选择斜坡编码；

b. 鼠标左键点击绘制坡顶线，坡顶结束的位置使用快捷键"J"；

c. 继续绘制坡的宽度，再绘制坡底线，使用快捷键"C"闭合；

d. 斜坡符号绘制完成后也可再使用快捷键"J"；

e. 调整使斜坡美观，保证坡上线和坡下线都有节点，在节点位置可以使用快捷键"K"。

（7）注记的绘制。

根据需要添加注记，例如道路名称等（图 5-78 为通用注记界面）。操作步骤如下：

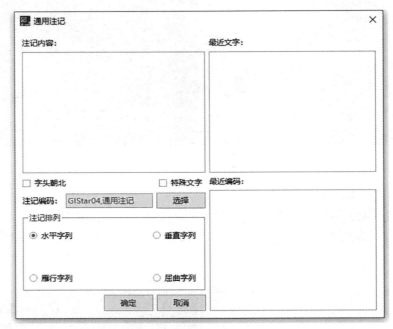

图 5-78　通用注记参数设置

a. 点击"通用文字注记"功能。

b. 在弹出的"通用注记"对话框中输入注记内容，并根据需要对文字的排列方式进行设置。

c. 根据选择的文字排列方式不同，点击"确定"后，命令行提示和操作方法也不同，分以下三种情况：

- 水平字列和垂直字列：命令行提示"捕捉 A/请输入插入点："，在视图窗口中指定注记位置。
- 雁形字列：根据命令行提示，先后输入注记的起始和终止位置。
- 屈曲字列：命令行提示"请选择线状地物："，在视图窗口中点选线状实体。

设置完成后，直接将鼠标移动到绘图区即可进行注记绘制，如图 5-79 所示。

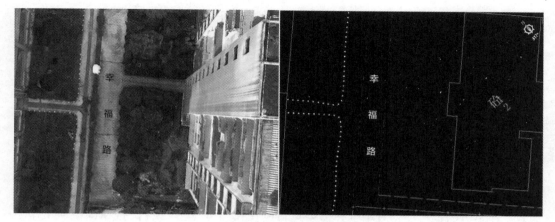

图 5-79　注记绘制

6. 房檐改正

进行房檐改正的目的是对测量过程中没有办法测到的房檐进行改正，改正的方法有两种：

（1）逐个修改每条边：对指定房屋的每条边分别进行修改；

（2）批量修改所有边：对指定房屋的所有边一起修改。

具体操作步骤如下：

（1）点击"编辑"菜单中的"房檐改正"按钮。

（2）命令行提示"请选择：［1. 修改单个房屋/2. 批量修改多个房屋]<1>"，选择修改方式，输入"1"或"2"，默认情况下为"1"，按回车键或点击鼠标右键。

（3）命令行提示"请选择需要修改的房屋："，指定要修改的房屋面。

（4）命令行提示"请选择：［1. 逐条边修改/2. 批量修改所有边/3. 单边修改]<1>"，指定修改方式。

接下来分三种情况进行操作：

（1）输入"1"：命令行提示"房檐改正边长是否改变：［1. 不改变/2. 改变]<2>"，设定房檐改正时边长是否改变，输入"1"或"2"，默认情况下为"2"；按回车键或点击鼠标右键，命令行提示"捕捉 A/请输入距离："，输入当前边要改正的距离，或者直接在图面上指定修改后的边要经过的点，此步操作将一直进行到指定房屋每条边都修改完毕为止。

（2）输入"2"：命令行提示"房檐改正边长是否改变：［1. 不改变/2. 改变]<2>"，设定房檐改正时边长是否改变，输入"1"或"2"，默认情况下为"2"；按回车键或点击鼠标右键，命令行提示"捕捉 A/请输入距离："，输入指定房屋所有边要统一修改的距离，或直接在图面上指定修改后的房屋要经过的点。

（3）输入"3"：命令行提示"房檐改正边长是否改变：［1. 不改变/2. 改变]<2>"，设定房檐改正时边长是否改变，输入"1"或"2"，默认情况下为"2"；按回车键或点击鼠标右键，命令行提示"选择需要修改的边："，在图面上指定需要修改的房屋的边，命令行提示"捕捉 A/请输入距离："，输入当前边要改正的距离，或者直接在图面上指定修改后的边要经过的点，此步操作可重复进行，按回车键、空格键或点击鼠标右键结束。

7. 数据检查

软件中提供的规则编辑器，是一个强大的数据处理引擎，它提供丰富的元规则，用户可按需自由搭配实现数据自动处理解决方案，可满足多种质检要求，一键运行，自动化程度高，下面来说明如何使用规则编辑器进行数据检查。

软件用户界面中使用【规则执行器】能够运行已编写好的数据处理、质检方案。在软件主界面的【视图】菜单中可以找到调出规则执行器的按钮"规则执行器"功能，点击"+"按钮添加软件自带的质检方案文件，使用">>"按钮可以进行任务文件(.srp)的加载。在下方的操作项列表中选择需要运行的操作项，点击"执行"按钮即可从上至下依次执行选中的操作项。执行过程中，视图窗口中会显示进度条，如图5-80所示。

图 5-80　质检方案

8.　添加图廓

1）设置图例方案

点击"制图输出"菜单下的"图例设置"按钮，弹出"图例设置"对话框。要素源表示图例项中需要显示的实体类型来源，本次勾选"整个地图"。勾选之后，图例要素框中将显示整个地图的所有实体类型的名称。这表示生成的图例中将显示这些内容。另外，把图例标题和图例的颜色都设置为红色。也可以按照项目的要求自定义其他设置项，注意图例中文字和符号的大小根据图的大小设置合适的参数。

点击"保存"按钮，将当前设置内容保存为图例设置方案文件，如图 5-81 所示。

图 5-81　图例设置

2）添加图廓

点击"制图输出"菜单下的"图廓整饰"按钮，弹出"图廓整饰"对话框，如图 5-82 所示。

在图廓方案输入栏中输入"整饰方案"，外图廓颜色设置为红色，内图廓颜色和顶点坐标设置为橙色，坐标格网和网线坐标设置为橙色，勾选顶点坐标和网线坐标。其他设置也可以按照项目要求或者国家标准自定义。

点击"添加"按钮，弹出"选择"对话框，如图 5-83 所示。

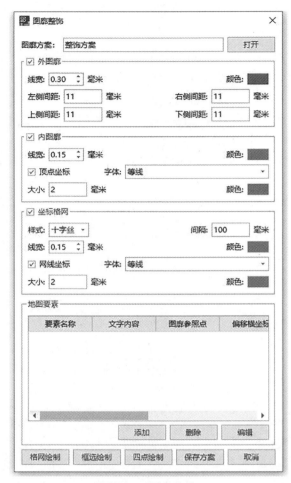

图 5-82　图廓整饰

图 5-83　"选择"对话框

选择图例，弹出"图例设置"对话框，如图 5-84 所示。打开刚才保存好的图例设置方案文件。点击"下一步"。

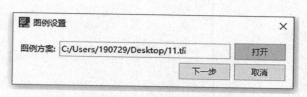

图 5-84　图例导入

弹出"位置参数"对话框，如图 5-85 所示。

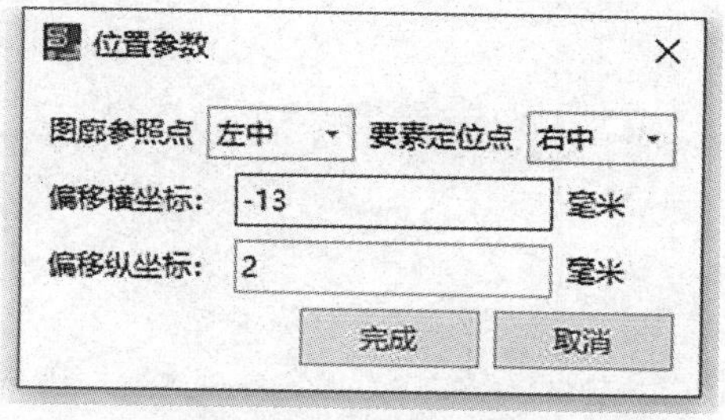

图 5-85　图例位置参数

图廓参照点表示生成的图例摆放在图廓的哪个位置。要素定位点表示整个图例自身的哪个部位放在参照点上。点击"完成"。

按照同样的方式添加比例尺，设置比例尺的位置参数，如图 5-86 所示。

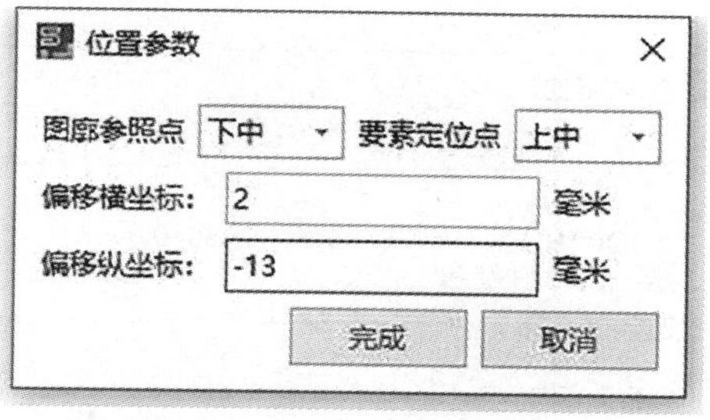

图 5-86　比例尺位置参数

完成以上操作之后，点击"保存方案"按钮，保存设置好的"图廓整饰方案"。把设置好的图廓整饰方案保存起来既可以方便下次使用，也可以方便下次查阅。

由于本例中我们不清楚四周是什么地名，因此省去接图表，但在实际工作中需要添加。

接下来开始往图面上添加图廓。点击"框选绘制"按钮，在图面上指定当前地形图的外接矩形范围。命令行提示"创建成功"。效果如图 5-87 所示。

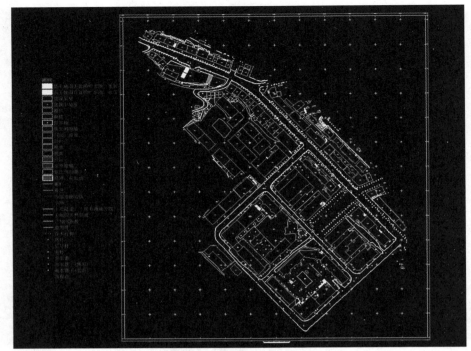

图 5-87　添加图廓后的示例效果

9. 图形输出

最后使用"文件"模块中的"导出 DWG 文件"功能导出.dwg 成果文件，如图 5-88 和图 5-89 所示。

图 5-88　导出 DWG 文件

图 5-89 全图效果图

5.2.6.2 基于倾斜实景三维模型的生产

1. 背景介绍

传统的不动产测量通常使用全野外测量和常规摄影测量两种方法，精度虽高但工作量巨大，需要投入大量人力、物力且效率低、周期长、成本高。

随着倾斜摄影测量技术的发展，无人机航测技术在房地一体项目中应用广泛。倾斜摄影三维建模技术通过二维影像数据快速生成高精度三维模型，基于高精度实景三维模型进行点、线、面等矢量信息绘制，完成房屋平面图绘制和房屋拉伸，输出的数字线划图能直接统计房屋的建筑面积，标注房屋的材质和层数，这些数据是土地确权中非常重要的数据。

相较于以往需要投入巨大的人力和时间成本进行外业采集，成本高、时间周期长、数据存在很大的累计误差、数据时效性低的生产 DLG 数据的传统方式，基于倾斜实景三维模型进行地理要素采集、录入房屋层数等属性，从而输出可用于确权的二维矢量数字线划地图的方式，可以在满足精度要求的同时，有效降低外业工作量和项目生产周期。

2. 数据准备

倾斜实景三维模型。

3. 操作流程

下面使用广州南方测绘科技股份有限公司研发的三维裸眼测图软件介绍基于倾斜实景三维模型生产 DLG 数据的操作基本流程。

1）新建 3D 工程

（1）点击"新建 3D 工程"功能，指定工程存放路径，如图 5-90 所示。

（2）加载模型，点击"下一步"后，点击"加载三维模型"按钮，选择"Data"文件上一层文件夹，软件会自动读取模型坐标系，设置到工程坐标系中，设置完成后，点击"确定"，如图 5-91 所示。

211

图 5-90　创建 3D 工程

图 5-91　加载模型

（3）工程成功加载三维模型及创建的效果，如图 5-92 所示。

2）采集地物

（1）地物编码

操作过程与在 2.5 维模型上一致，不再赘述。

（2）常用地形要素的绘制

①房屋的绘制

采集好的图形只保留了房子的角点，扩展属性，图形特征（房子高度），每个点都有 x，y，z 坐标，数据符合制图与信息化要求，也具有三维白模的空间高度信息，不同的情况和房子类型适用的绘房方式不一样，下面来讲解每种绘房方式的适用情况及操作步骤。

A. 五点绘房

五点绘房主要适用于普通常规矩形四点房屋，如图 5-93 所示。操作步骤如下：

图 5-92 成功加载三维模型效果图

图 5-93 五点绘房

a. 在房屋的第一条边指定两个点，剩下的三条边各一个点；

b. 将鼠标移动到地面上，按鼠标右键完成绘房。

在操作过程中，命令行提供了一些快捷键操作"侧视 R/回退 U/捕捉高程 M/精确点 P"：

侧视 R：每按一次旋转 90°。

回退 U：取消已有的一个点。

捕捉高程 M：修改最后添加的点的高程值为当前鼠标点所在的高程值。

精确点 P：将当前鼠标所在点的周边放大，然后在放大的图上选择一个点，以此求更精确的值。

B. 采墙面绘房

采墙面绘房主要适用于房屋内角和都为 90°的房屋，并且无须房檐改正，可在绘制过程中与面面相交绘房、房棱绘房通过命令 V 切换使用（如图 5-94 所示）。操作步骤如下：

图 5-94　采墙面绘房

a. 在墙面上按下鼠标左键采集一点；

b. 在同一墙面上选择第二点；

c. 在其余的墙面上选择一点；

d. 鼠标移动到地面上，点击鼠标右键结束；

e. 在弹出窗口中录入房屋层数和结构。

在操作过程中，命令行提供了一些快捷键操作"侧视 R/回退 U/闭合 C/精确点 P/直角化切换 V"：

侧视 R：每按一次旋转 90°。

回退 U：取消已有的一个点。

闭合 C：闭合当前图形。

精确点 P：将当前鼠标所在点的周边放大，然后在放大的图上选择一个点，以此求更精确的值。

直角化切换：是否需要直角化的设置。

C. 面面相交绘房

面面相交绘房是最具普适性的绘房方式，适用于房屋内角和为 90°与非 90°的房屋，并且无须房檐改正，是一种采集房屋的模式，以面代点测量，需要采集清晰面上的任意一个点，程序会自动拟合计算出房角点，可在绘制过程中与采墙面绘房、房棱绘房通过命令 V 切换使用(如图 5-95 所示)。操作步骤如下：

图 5-95　面面相交绘房

a. 在房屋的每一个墙面上指定两个点；

b. 鼠标移动到地面上，点击鼠标右键结束；

c. 在弹出窗口中录入房屋层数和结构。

在操作过程中，命令行提供了一些快捷键操作"侧视 R/回退 U/闭合 C/修改当前点高程 L/精确点 P"：

侧视 R：每按一次旋转 90°。

回退 U：取消已有的一个点。

闭合 C：闭合当前图形。

修改当前高程 L：修改当前点的高程值，为当前鼠标所在点的高程值。

精确点 P：将当前鼠标所在点的周边放大，然后在放大的图上选择一个点，以此求更精确的值。

D. 房棱绘房

房棱绘房适用于房棱清晰的房屋，支持用户直接点击房棱采集平面坐标，同时根据该建筑物模型自动推算定位至最高点，计算高度、高程，采集为房角点，可在绘制过程中与面面相交绘房、采墙面绘房通过命令 V 切换使用，如图 5-96 所示。

图 5-96　房棱绘房

　　a. 依次顺序方向或逆序方向采集房屋的各个房棱；

　　b. 鼠标移动到地面上，点击鼠标右键结束；

　　c. 在弹出窗口中录入房屋层数和结构。

　　在操作过程中，命令行提供了一些快捷键操作"侧视 R/回退 U/闭合 C/捕捉高程 M/精确点 P"：

　　侧视 R：每按一次旋转 90°。

　　回退 U：取消已有的一个点。

　　闭合 C：闭合当前图形。

　　捕捉高程 M：修改最后添加的点的高程值为当前鼠标点所在点的高程值。

　　精确点 P：将当前鼠标所在点的周边放大，然后在放大的图上选择一个点，以此求更精确的值。

　　E. 自动绘房

　　自动绘房适用于需要短时间内获取模型内房屋轮廓线的情景，该功能将鼠标放置于建筑的某一水平点，系统根据该点所在的水平面，自动截取，生成房屋轮廓，但精度较低（如图 5-97 所示）。操作步骤如下：

　　a. 点击"自动绘房"功能，进入自动绘房状态；

　　b. 在一个房子上单击一点，如果感觉取点不理想可以再次点击取点；

　　c. 按住键盘 Ctrl 键滚动鼠标滚轮调整房子；

　　d. 点击鼠标右键结束，添加实体到数据库中。

　　F. 偏移构面

　　偏移构面主要解决地物共面或者共线的情况，适用于绘制房屋的附属设施，如阳台、飘楼、檐廊等（如图 5-98 和图 5-99 所示），使用该方式绘制共线或者共面的地物可以保证面与面之间无重叠或者缝隙。操作步骤如下：

图 5-97　自动绘房

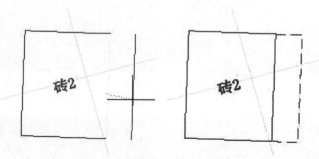

图 5-98　单边偏移构面

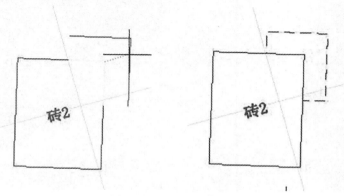

图 5-99　两点偏移构面

　　a. 执行"偏移构面"，命令提示"单边偏移-选择偏移边（单边偏移 D/L 两点偏移）"；

　　b. 选择构面方式。默认为单边偏移构面，如需两点偏移构面，按 L 即可。单边偏移构面，鼠标选择构面边，随后内/外推边界，点击鼠标左键完成构面；两点偏移构面，鼠标于构面边捕捉起点，随后在与其连续的边界上捕捉终点，内/外推动边界，点击鼠标左键完成构面。

　　c. 重复上一步可以进行多次构面，点击鼠标右键退出。

　　② 其他地物的绘制

　　道路的绘制、高程点的采集、等高线的采集、植被的绘制、斜坡的绘制、注记的绘制、添加注记、添加图廓、图形输出的操作过程与在 2.5 维模型上一致，不再赘述，图 5-100 和图 5-101 为效果图。

图 5-100　局部效果图

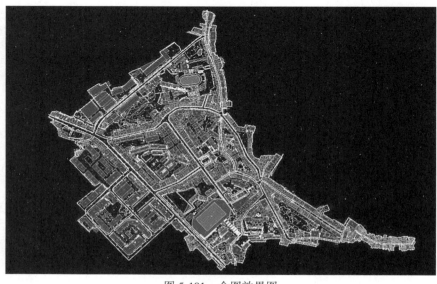

图 5-101　全图效果图

5.2.6.3 立面测图

1. 数据准备

倾斜实景三维模型。

2. 操作流程

下面使用广州南方测绘科技股份有限公司研发的三维裸眼测图软件介绍基于倾斜实景三维模型立面测图的操作基本流程。

1) 新建 3D 工程

(1) 点击"新建 3D 工程"功能，指定工程存放路径，如图 5-102 所示。

图 5-102 创建 3D 工程

(2) 加载模型，选择"Data"文件上一层文件夹，软件会自动读取模型坐标系，设置到工程坐标系中，如图 5-103 所示。

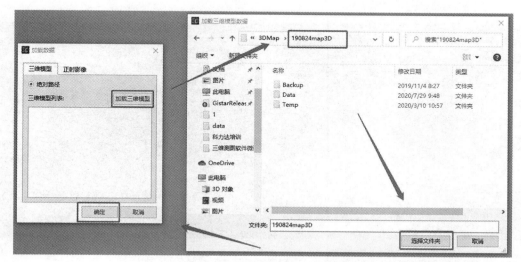

图 5-103 加载模型

工程成功加载三维模型及创建的效果，如图 5-104 所示。

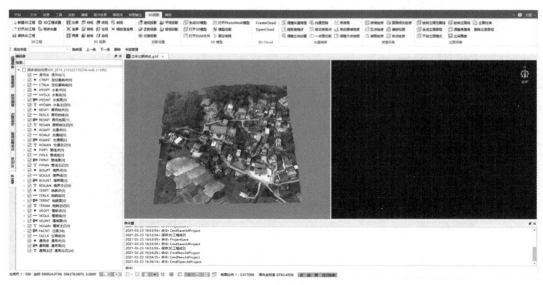

图 5-104　成功加载三维模型效果图

2）绘制房屋

（1）搜索"建成房屋"地物，双击搜索"建成房屋"编码。

（2）点击面面相交绘房功能，在三维窗口中开始绘制房屋，在第一面墙上采集两个点，沿顺时针或者逆时针依次在其余墙面上分别采集两个点，最后将鼠标移到地面上，点击鼠标右键闭合，输入房屋结构属性及层数，如图 5-105 和图 5-106 所示。

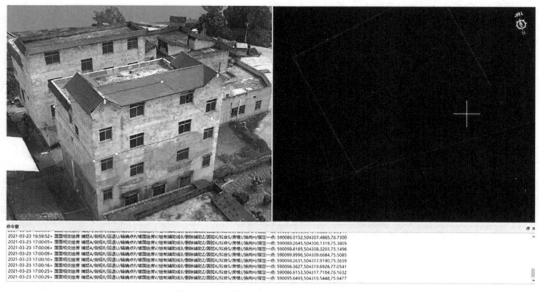

图 5-105　使用面面相交功能绘制房屋

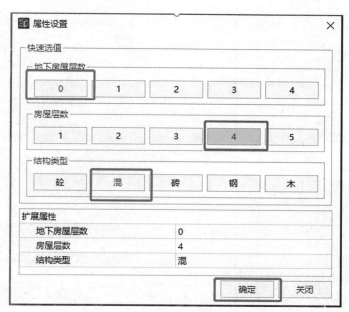

图 5-106　属性录入

　　（3）若出现需要调整地物白膜的情况，可以使用"调整立体白膜"工具进行调整，如图 5-107 和图 5-108 所示。

图 5-107　白膜未贴地

图 5-108　白膜穿过模型

点击地面来指定地物白膜的最低点，可以多次点击进行地物白膜的调整，调整完成后，点击右键退出功能，如图 5-109 所示。

图 5-109　指定房屋所在地面

图 5-110 是调整白膜完成后效果。

（4）若遇到需要调整房屋高度的情况，可以使用"3D 测图"模块下的"调整矢量高程"功能，如图 5-111 所示。

图 5-110　效果图展示

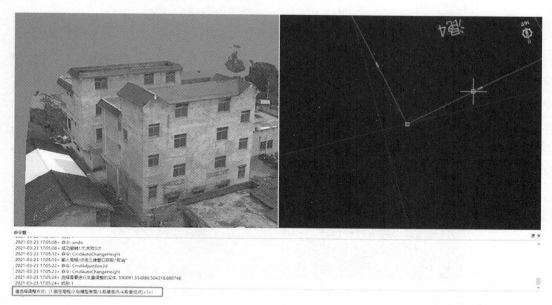

图 5-111　调整矢量高程功能

　　先点击该功能后，选择需要调整高度的房屋，然后在命令窗处输入"1"来选择调整方法 1，然后点击房屋最高处，如图 5-112 所示。

　　图 5-113 是调整完成后的效果。

图 5-112　调整房屋高度

图 5-113　房屋高度调整完成效果图

3）绘制立面范围线

（1）点击"3D 测图"模块下的"绘制立面范围线"功能，选择要绘制立面范围线的房屋，如图 5-114 所示。

（2）选择外扩的方式，一般选择方式 1，方式 2 一般用于需要生成非矩形房屋的外扩房屋轮廓线场景，如图 5-115 所示。

图 5-114　选择绘制立面范围线的房屋

图 5-115　选择外扩的方式

（3）指定外扩距离，单位为 m，一般输入 1m 即可，如图 5-116 所示。

（4）立面范围线绘制完成效果如图 5-117 所示。

图 5-116 指定外扩距离

图 5-117 立面范围线绘制完成效果图

4)生成立面图框

(1)点击"3D 测图"模块下的"生成立面图框"功能,选择要对应房屋绘制立面范围线,如图 5-118 所示。

图 5-118 指定立面范围线

（2）指定立面图框之间的距离，一般使用默认的 10m 即可，如图 5-119 所示。

图 5-119 指定立面图框之间的距离

（3）立面图框绘制完成的效果如图 5-120 和图 5-121 所示。

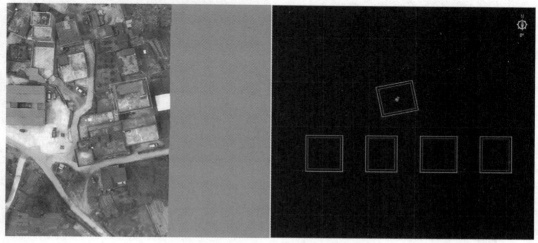

图 5-120 立面图框在二维窗口的效果

图 5-121 立面图框在三维窗口的效果

5) 进入立面采集模式

点击"3D 测图"模块下的"开启立面模式"功能，表示软件进入立面采集模式，此时可以看到命令窗处显示"开启立面采集模式"，并且软件底部也可以看到"立面模式"的图标变暗，表示当前已经进入立面采集模式，如图 5-122 和图 5-123 所示。

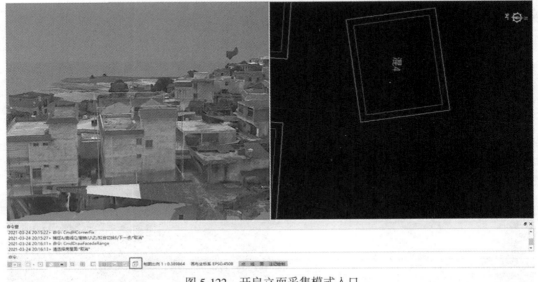

图 5-122　开启立面采集模式入口

图 5-123　成功开启立面采集模式

6) 修整墙面

修整墙面的主要目的是将自动生成的墙面地物，根据模型的实际墙面来修整。

(1) 先在二维窗口处点击立面图框，软件会自动在三维窗口内显示对应的模型上房子的立面，如图 5-124 所示。

(2) 在二维窗口处点击选择需要修整的立面图框内的墙面，如图 5-125 所示。

(3) 点击选择"3D 测图"模块中的修房角功能，或者可以右键点击菜单栏空白处勾选"立面工具栏"，在立面工具栏中点击"修房角"功能。

注：如想要修整的时候，希望是横平竖直的，可以按 F1 键打开正交模式，按 F2 键打开捕捉。

开启"修房角"功能后，接下来根据模型实际情况修整墙面，比如图中的房檐便可以修整去掉，图 5-126 为修整前的效果图。

图 5-124 模型立面

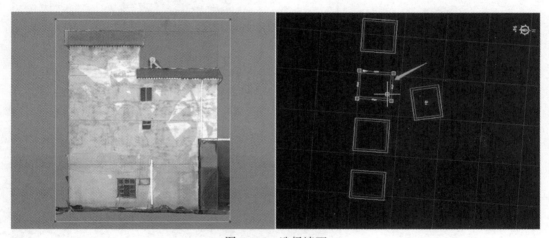

图 5-125 选择墙面

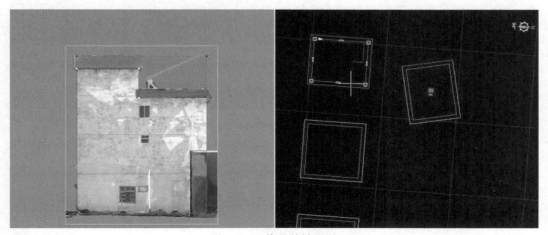

图 5-126 修整前效果图

图 5-127 是将墙面中的房檐部分去掉后的效果。

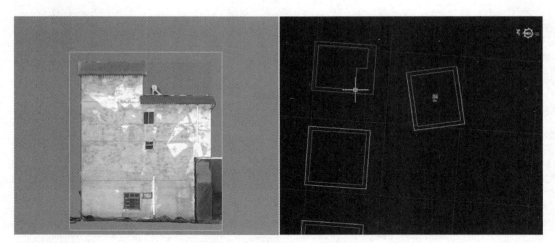

图 5-127　房檐部分去掉后效果

按住 Ctrl 键，同时滚动鼠标滚轮可快速切割模型，更有利于墙面的修整，如图 5-128 中三维窗口中模型右下角方框处，一开始是没有明显露出来的，通过快速切割可以更明显地显示出来，更便于修整。

图 5-128　需要修整的地方

继续修整其他墙面，如图 5-129 中的房檐不属于墙面，应该被去掉。

图 5-130 是屋檐修整完成后的效果。

图 5-131 是所有墙面修整完成后的效果。

图 5-129 修整前

图 5-130 修整后

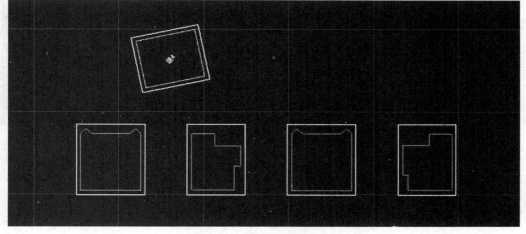

图 5-131 修整完成后的效果

7）绘制立面地物

（1）去编码表处选择需要绘制的立面地物的编码（包括窗、门等），因为一般窗和门都是矩形地物，所以可以结合画矩形功能来一起使用，如图 5-132 所示。

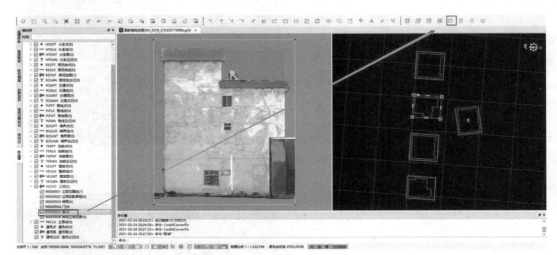

图 5-132　选择编码后，选择绘制工具

（2）图 5-133 是选择窗编码后，再点击"画矩形" ▭（立面工具栏或者"绘制模块"下可以找到）功能，采集完成的一个窗户。

图 5-133　绘制完成的窗户

（3）图 5-134 是一面墙内的窗采集完成的效果。

（4）复制功能的配合使用。

遇到墙面中存在很多同样规格的窗等地物时，可以在采集完成一个窗后，使用"复制" ▣ 功能，以图 5-135 为例。

图 5-134 一面墙内的窗采集完成的效果

图 5-135 复制前

(5)图 5-136 是将左边的窗复制并且移动到右边的窗的效果。

图 5-136 复制后

（6）图 5-137 和图 5-138 是采集完两面墙面上的地物的效果。

图 5-137　采集效果 1

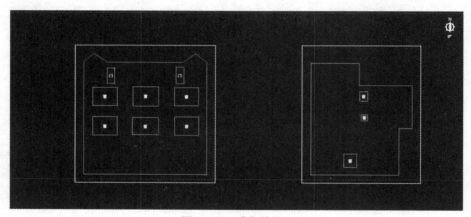

图 5-138　采集效果 2

8）绘制立面图饰要素

（1）点击"3D 测区"模块下的"立采图廓"功能，指定需要绘制立面图饰要素的房屋，根据实际情况填写设置外部标题、内部标题、立面标题、单个立面统计信息、底部表格等信息，如图 5-139 所示。

注：①编号规则：可以指定每个立面图框的标题命名规则，例如选择"正后左右"，则需指定正面为哪个图框，其他的模板（如 1234）则默认从左起第一个开始命名。

②方向：面（背）对建筑正面是指方向是以人面（背）对建筑正面来确定的。

③#总面积#：代表的意思是，若在表格中使用"#总面积#"，则会在此处计算出一个总面积的数字，放于表格中。例如"本栋外围总面积：#总面积#m^2；需改造总面积：#墙总面积#m^2"在图面上显示出来的是"本栋外围总面积：78.75m^2；需改造总面积：34.86m^2"。

图 5-139 设置立面图饰要素对应的参数

（2）上述参数设置完成后，点击"确定"，在窗口上按住鼠标左键来框选图廓的范围，注意要包括房屋和立采数据，点击右键结束绘制，此时便绘制出立采图廓。图5-140是图饰要素绘制完成的效果。

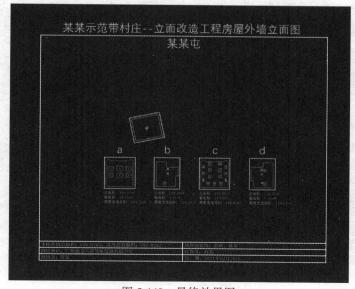

图 5-140 最终效果图

9）导出 . dwg 成果文件

（1）最后使用"文件"模块中的"导出 DWG 文件"功能导出 . dwg 成果文件，如图 5-141 所示。

图 5-141　导出 . dwg 文件

（2）图 5-142 就是导出的 . dwg 成果文件，至此，使用三维裸眼测图软件进行立面测图的基本流程就结束了。

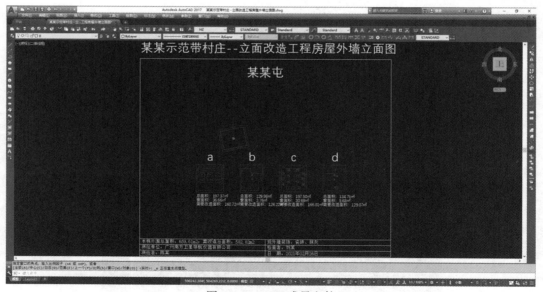

图 5-142　. dwg 成果文件

5.3 三维成果质量检查与验收

5.3.1 检查验收制度及检查比例

1. 检查验收制度

工程质量检查实行"两级检查，一级验收"的测绘产品检查验收制度。

"两级检查"分别是过程检查和最终检查，业主方在两级检查的基础上对项目成果进行抽查、评审和审批。"一级验收"为业主组织或委托测绘质量监督机构进行的检查验收。

2. 检查比例

过程内业检查100%，外业巡视检查100%，数学精度检查不低于10%。

最终内业检查100%，外业巡视检查20%，数学精度检查不低于5%。

5.3.2 检查内容

1. 数学基础检查

数学基础检查即是否采用与技术要求规定的平面坐标系统和高程系统。

2. 航摄数据质量检查

1) 影像地面分辨率检查

根据飞行的高度以及航摄仪的参数，计算重点区域与全区域的影像分辨率是否满足全区域优于要求分辨率。

2) 影像色调质量检查

通过目视的方法，检查影像是否清晰、层次是否丰富、反差是否适中、彩色色调是否柔和鲜艳、色调是否均匀，相同地物的色彩基调是否一致。

3) 影像重叠度检查

利用SouthUAV等工具，检查垂直影像的航向重叠度和旁向重叠度是否满足要求。

4) 覆盖保证

检查航向和旁向是否超过摄影边界线一个相对航高的距离。

3. 像控点检查

(1) 像控点布设、刺点、整饰是否符合要求。

(2) 像控点测量的次数、测量误差、精度是否符合规定，像控点中误差检测记录表如表5-8所示。

(3) 资料整理是否齐全。

4. 实景三维模型检查

(1) 真三维模型检查主要包括数学精度、图面质量及附件质量检查等。

(2) 数学精度检查：主要采用外业测点的方式检查真三维模型的绝对精度，也在高精度地形图上以采点的方式进行检查，精度检查如表5-9和表5-10所示。

(3) 图面质量主要检查模型是否完整、结构是否与实际一致、纹理质量是否良好。

237

（4）附件质量检查等。

表 5-8　　　　　　　　　　　　　像控点中误差检测记录表

序号	点号	提交成果坐标			外业检查测点坐标			较差				备注
		X	Y	H	X	Y	H	Δx	Δy	Δs	ΔH	
												过程检查
												成果检查

······

平面中误差 $m = \pm \sqrt{\dfrac{\left(\sum \Delta X^2 + \sum \Delta Y^2 \right)}{2n}} =$ 　　高程中误差 $m = \pm \sqrt{\left(\dfrac{\sum \Delta H^2}{2n} \right)} =$

检查者：　　　　　　　　　　　　　复查者：

日期：　　　　　　　　　　　　　　日期：

表 5-9　　　　　　　　**真三维模型精度检查表——地形图量测检查（单位：m）**

真三维模型位置中误差检测记录表

项目名称				分辨率			
点号	地物	地形图量测值		真三维模型读取值		较差		
		X	Y	X	Y	Δx	Δy	Δs

······

平面中误差 $m = \pm \sqrt{\dfrac{\left(\sum \Delta X^2 + \sum \Delta Y^2 \right)}{2n}} =$ 　　高程中误差 $m = \pm \sqrt{\left(\dfrac{\sum \Delta H^2}{2n} \right)} =$

检查者：　　　　　　　　　　　　　复查者：

日期：　　　　　　　　　　　　　　日期：

表 5-10　　　　　**真三维模型精度检查表——外业实测检查（单位：m）**

真三维模型位置中误差检测记录表

项目名称								
		分辨率						
点号	地物	外业实测值		影像读取值		较差		
		X	Y	X	Y	Δx	Δy	Δs

......

平面中误差 $m = \pm\sqrt{\dfrac{\left(\sum \Delta X^2 + \sum \Delta Y^2\right)}{2n}} =$	高程中误差 $m = \pm\sqrt{\dfrac{\left(\sum \Delta H^2\right)}{2n}} =$
检查者：	复查者：
日期：	日期：

5. 成果资料及文字报告的检查

（1）重点检查各种原始记录是否齐全、正确，资料是否正确、完整，装订是否美观等。

（2）文字报告主要检查内容是否全面，结构是否合理，重点是否突出，条理是否清晰，文字是否畅顺，图表是否齐全、美观，各种精度统计是否正确无误，结论是否符合客观实际、是否较好地反映了项目实施的情况等。

6. 检查整改

（1）质检人员对检查中发现的问题进行详细的记录并提出处理意见和处理方法，形成整改意见通知书。

（2）作业人员严格按照质检人员的检查意见进行认真的整改。

（3）质检人员对整改情况进行复查验证，确保整改工作到位、无遗漏。

5.3.3　质量评定

（1）质量评定按照《测绘成果质量检查与验收》的要求进行。

（2）本项目的质量评分按照平面控制测量、高程控制测量、低空摄影测量等进行分类分批评分，每批测绘成果评分按百分制评分，根据各项在项目中的比重确定最终的批成果质量评分。

（3）质量评定工作结束后应形成质量评定报告，质量评定报告应作为质量检查报告的附件。

5.3.4　成果验收

项目最终成果由甲方验收。

5.4　成果资料报告

最终移交数据成果资料以项目要求为准，包含且不限于以下文件：
（1）项目前期准备材料，如表 5-11 所示。

表 5-11　　　　　　　　　　　　　项目前期准备材料

序号	成果名称	规格	数量	备注
1	项目工作方案	A4	1	电子文档数据
2	项目技术设计书	A4	1	电子文档数据
3	成果质量检查及验收	A4	1	电子文档数据

（2）外业提交资料成果，如表 5-12 所示。

表 5-12　　　　　　　　　　　　　外业提交资料成果

序号	成果名称	规格	数量	备注
1	空域申请及批复相关文件	A4	1	电子文档数据
2	按外业分区整理的影像成果数据	硬盘	1	电子数据
3	航飞内外参数数据	A4	1	电子文档数据
4	相机检校报告	A4	1	电子文档数据
5	像控点坐标文件	Excel	1	电子文档数据

（3）成果提交资料成果，如表 5-13 所示。

表 5-13　　　　　　　　　　　　　成果提交资料成果

序号	成果名称	规格	数量	备注
1	像控记录表	硬盘	1	电子数据
2	实景三维模型	硬盘	1	电子数据
3	云端数据部署（如有）	云端	1	网络链接
4	数字线划图	硬盘	1	电子文档数据
5	数据质检报告	硬盘	1	电子数据

习题及思考题

1. 简述无人机航测内业作业流程。
2. 实操自由网空三、控制网平差并导出空三结果。
3. 简述像控点预测更精准需要满足哪些条件？
4. 简述数据自检的目的。
5. 实操三维模型生产。
6. 实操裸眼 3D 测图。
7. 航测成果资料汇总一般需要包含哪些资料？

第6章　无人机航测技术综合应用

6.1　在国家新型基础测绘中的应用

目前，我国正处于城镇化加速发展的时期，城市被推上了舞台的中心，在政治、经济和文化等领域发挥着重要作用。未来城市将承载越来越多的人口，在能源、环境、交通和健康等方面也将面临越来越大的考验。为解决城市快速发展带来的日益严峻的"城市病"难题，智慧城市的建设已成为不可逆转的历史潮流。

某城市测区面积共 41km²，范围如图 6-1 所示，区域内主要多住宅区，分布有小区、农房、厂房，散落有耕地。该项目需要满足 1∶500 比例尺成果精度的实景三维模型、数字高程模型（DEM）、数字正射影像（DOM）、数字线划图（DLG）、单体化白模及分层分户模型、全域地名地址及城市部件普查。

图 6-1　边界图

项目具有以下几个特点：

（1）该地区位于市区，楼层普遍较高，因此需要选择飞行高度高、抗风性能好、效率高的无人机进行作业。

（2）该地区使用无人机飞行需要提前申请空域。

（3）通过无人机采集影像数据，生成高分辨率地图和三维模型。

（4）结合生成的高分辨率地图和三维模型构建可视化遥感大数据子平台。

采用的技术路线为（如图6-2所示）：垂直起降无人机搭载五相机倾斜摄影测量系统对测区进行倾斜航空摄影，获取倾斜影像，经过空中三角测量，使用外业实测像控点控制精度，制作实景三维模型，并同时匹配密集点及无畸变影像，进一步制作数字高程模型（DEM）及数字正射影像（DOM）（如图6-3所示），并在实景三维模型的基础上进行裸眼采集，经过外业调绘核实后，编辑得到数字线划图（DLG），在线划图的基础上结合实景三维模型制作单体白模，基于单体白模及竣工图和实景三维模型制作分层分户模型，基于线划图成果进行地名地址及城市部件普查。

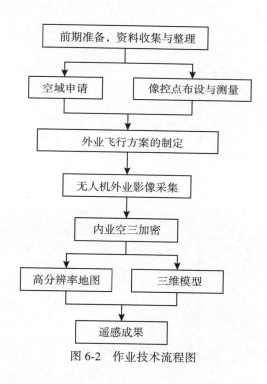

图6-2　作业技术流程图

根据航测技术生产出实景三维模型，再结合地理信息、大数据、人工智能等技术打造的可视化遥感大数据子平台（如图6-4所示），运用可视化遥感大数据子平台能够直观明了地观察城市的方方面面，例如城市垃圾、违章建筑、毁绿移植、道路占压、占道经营、交通秩序整治等，再通过巡检 App 快速准确地将信息通知给执法人员，执法人员能及时有效地处理违规事件，在很大程度上加快了城市治理进程，为城市发展起到了积极作用。

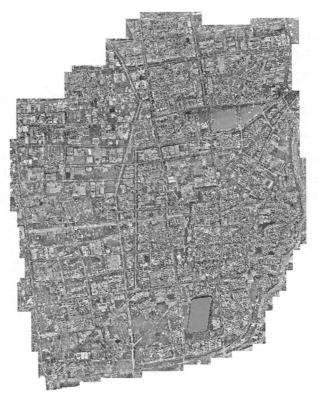

图 6-3　测区数字正射影像图

图 6-4　可视化遥感大数据平台

　　无人机在智慧城市中的应用，也是城市精细化管理的体现，相比于人工巡检(徒步巡检，劳动强度大、作业效率低、没有全局视角、成本高)，无人机具有体积小、机动灵活、低成本、维护简单等特点，并具备高空、远距离、快速、自行作业的能力优势，通过高空视角，实时高效的监控手段对我们城市管理中存在的各种问题以及违法现象实现无死角全方位监控等特点。

中国已经迎来了建设现代化的智慧型城市的契机，我们要利用一切可利用的资源为建设智慧城市服务。不断完善基础信息是建设智慧城市的根本，只有基础信息越完善，才能保证智慧城市的建设顺利，才能满足智慧城市为大众所需要。因此，可视化遥感大数据子平台具有长远性，使遥感测绘技术充分发挥作用，为未来智慧城市建设中的应用提供最有力的保障。遥感测绘技术也需要进一步发展，为城市智能化发展，走向先进的、科学的、信息化的智慧城市保驾护航。

6.2　在房地一体测量项目中的应用

房地一体农村不动产登记是指将农村宅基地和集体建设用地使用权及地上的建筑物、构筑物实行统一权籍调查、统一确权登记、统一颁发房地一体不动产权证书。房地一体的宅基地确权登记发证工作是维护农民权益、维护农村社会和谐稳定、促进乡村振兴的重要基础性工作。

此项目位于广东省某县，项目实施区域如图 6-5 所示，总面积约 1600km²，总宗数约 70000 宗，村庄分布较为分散，测区落差较大，部分村落位于两山之间或山脚下。项目整体航飞范围如图 6-5 所示(白线区域为航飞范围)。

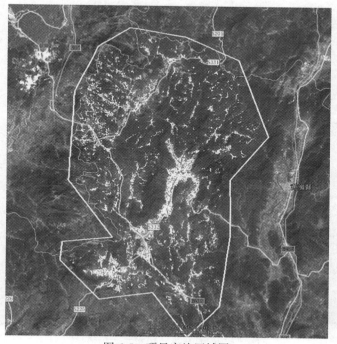

图 6-5　项目实施区域图

项目具有以下特点：

（1）该测区内多山地丘陵，地形条件复杂。

（2）该地区房屋依山势而建，房屋分散，测绘航飞条件较困难。

（3）通过四旋翼无人机进行无人机采集影像数据，生成高分辨率地图和三维模型。

（4）结合生成的三维模型进行精度 5cm 的平面控制测量。

房地一体项目具有测绘精度要求高、天气变化复杂、航线难以统一规划需要分块航飞的特点，而且本项目测区多山地、落差大、交通条件极差，无网络信号，实际作业难度很高。采用无人机航测系统能够克服和解决作业中很多困难，减少工作量和人力成本、作业安全性高、作业效率大为提高，成果质量和精度完全满足项目要求，图 6-6 为成果展示。

房地一体项目以"权属合法、界址清楚、面积准确"为原则，以权籍调查、房产测量为主要工作内容，需满足地籍测量精度要求，总体作业流程如图 6-7 所示。

图 6-6　作业技术流程图及三维成果

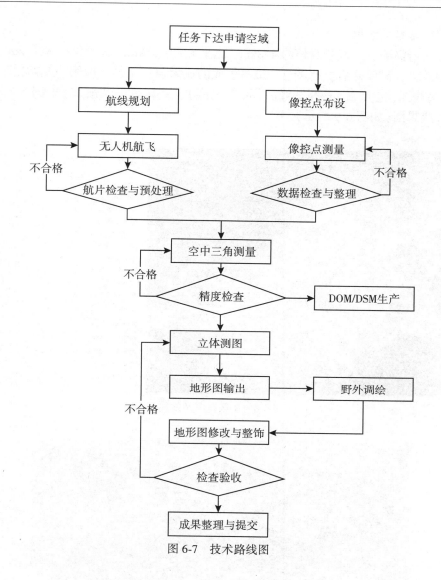

图 6-7　技术路线图

6.3　在矿山监测中的应用

　　应某市某矿区要求，核实矿业权开采范围的客观地质地形现状，核准采矿权人实际开采位置，利用航测无人平台搭载高分辨率正射相机，进行矿山航空摄影测量，获取高精度矿山三维实景模型数据和正射影像。基于矿山三维实景模型数据的精度高、实时性、真实性等优势，动态监测矿区储量，为矿区系统管理提供基础数据，不断提升矿区的信息化水平。同时，还能够通过矿山三维实景模型运用相关软件进行实景三维要素采集。在三维数据采集软件中，基于矿山三维实景模型采集地物属性信息和空间要素信息，生成矿区范围的数字线划图，为矿区的进一步开采工作提供基础数据，为主管部门的决策提供丰富的数据。

　　该矿区所需测量区域东西长约 4.8km，南北宽约 3.7km，总面积约为 15km^2，高低起伏范围较大，需要开启仿地飞行。最终生成的成果包括正射影像图（包含总图和分幅图）、等高线图（包含 2.5m 等高线和 5m 等高线）、矿区范围及航线（如图 6-8 所示）、三维模型成果图（如图 6-9 所示）。

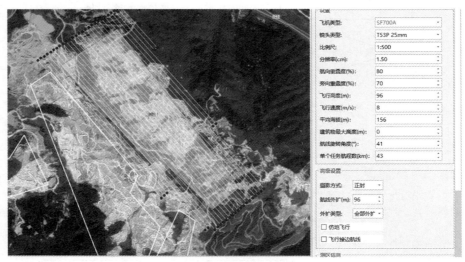

图 6-8　矿区范围及航线

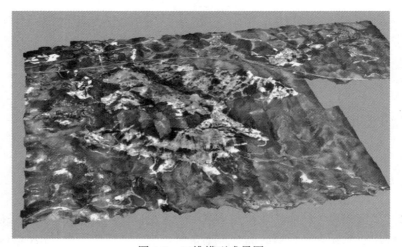

图 6-9　三维模型成果图

6.4　在环境保护领域中的应用

　　近几年随着我国经济高速发展，一部分企业忽视环境保护工作，片面追求经济利益，导致生态破坏和环境污染事故频发，甚至有的企业为节约成本故意不正常使用治污设施偷排污染物，环境保护形势严峻，环境监管执法任务越来越繁重，深度和难度逐年增加，执法人员明显不足，监管模式相对单一，传统的执法方式已很难适应当前工作的需要。利用无人机的遥感系统，可以实时快速跟踪突发环境污染事件，捕捉违法污染源并及时取证，从宏观上观察污染源分布、排放状况及项目建设情况，为环境管理提供依据。

利用无人机航拍巡航侦测生成的高清晰图像，可直观辨别污染源、排污口、可见漂浮物等并生成分布图，实现对环境违法行为的识别，为环保部门环境评价、环境监察执法、环境应急提供依据，从而弥补监察人力不足、巡查范围不广、事故响应不及时等问题，提高环境监管能力。无人机生成的多光谱图像，可直观、全面地监测地表水环境质量状况，形成饮用水源地水质管理的新模式，提高库区环境整体的水生态管理水平。

1. 环境污染范围调查

传统的环境监测，通常采用点监测的方式来估算整个区域的环境质量，具有一定的局限性和片面性。无人机航拍、遥感具有视域广、及时、连续的特点，可迅速查明环境现状。借助系统搭载的多光谱成像仪、照相机生成图像，可直观、全面地监测地表水环境质量状况，提供水质富营养化、水体透明度、悬浮物排污口污染状况等信息的专题图，从而达到对水质特征、污染物监视性监测的目的。无人机还可搭载移动大气自动监测平台对目标区域的大气进行监测，自动监测平台不能监测污染因子，可采用搭载采样器的方式，将大气样品在空中采集后送回实验室监测分析。无人机遥感系统安全作业保障能力强，可进入高危地区开展工作，也有效地避免了监测采样人员的安全风险。

2. 突发事件现场勘测

在环境应急突发事件中，无人机遥感系统可克服交通不利、情况危险等不利因素，快速飞往污染事故所在空域，立体地查看事故现场、污染物排放情况和周围环境敏感点污染物分布情况。系统搭载的影像平台可实时传递影像信息，监控事故进展，为环境保护决策提供准确信息。

无人机遥感系统使环保部门对环境突发事件的情况了解得更加全面，对事件的反应更加迅速，相关人员之间的协调更加充分，决策更加有据。无人机遥感系统的使用，还可以大大降低环境应急工作人员的工作难度，同时工作人员的人身安全也可以得到有效的保障。

3. 区域巡查执法取证

当前，我国工业企业污染物排放情况复杂、变化频繁，环境监察工作任务繁重，环境监察人员力量也显不足，监管模式相对单一。无人机可以从宏观上观测污染源分布、污染物排放状况及项目建设情况，为环境监察提供决策依据；同时，通过无人机监测平台对排污口污染状况的遥感监测，也可以实时快速跟踪突发环境污染事件，捕捉违法污染源并及时取证，为环境监察执法工作提供及时、高效的技术服务。

4. 建设项目审批取证

在建设项目环境影响评价阶段，环评单位编制的环境影响评价文件中需要提供建设项目所在区域的现势地形图，在大中城市近郊或重点发展地区能够从规划、测绘等部门寻找到相关图件，而在相对偏远的地区便无图可寻，即便有，也因绘制年代久远或图像精度较低而不能作为底图使用。如果临时组织绘制，又会拖延环境影响评价文件的编制时间，有些环评单位不得已选择采用时效性和清晰度较差的图件作为底图，势必对环境影响评价工作质量造成不良影响。

无人机航拍、遥感系统能够有效解决上述问题，它能够为环评单位在短时间内提供时效性强、精度高的图件作为底图使用，并且可有效减少在偏远、危险区域现场踏勘的工作量，提高环境影响评价工作的效率和技术水平，为环保部门提供精确、可靠的审批依据。

5. 自然生态监察取证

自然保护区和饮用水源保护区等需要特殊保护区域的生态环境保护，一直以来是各级环保部门工作的重点之一，而自然保护区和饮用水源保护区大多有面积较大、位置偏远、交通不便的特点，其生态保护工作很难做到全面、细致。环保部门可采用无人机获取需要特殊保护区域的影像，通过逐年影像的分析比对或植被覆盖度的计算比对，可以清楚地了解该区域内植物生态环境的动态演变情况。从无人机生成的高分辨率影像中，甚至还可以辨识出该区域内不同植被类型的相互替代情况，这样对区域内的植物生态研究也会起到参考作用。区域内植物生态环境的动态演变是自然因素和人为活动的双重结果，如果自然因素不变而区域内或区域附近有强度较大的人为活动，逐年影像也可为研究人为活动对植物生态的影响提供依据。当自然保护区和饮用水源保护区遭到非法侵占时，无人机能够及时发现，拍摄的影像也可作为生态保护执法的依据。

6. 监测空气、水质采样分析

气体的取样，其采样方式为无人机搭载真空气体采集器，对大气和工业区气体进行采样，适用于各种工业环境和特殊复杂环境中的气体浓度采集和检测，利用无人机平台可以进行高空检查和多方位检测，探测器采用进口气体传感器和微控制器技术，响应速度快，测量精度高，稳定性和重复性好，操作简单，完美显示各项技术指标和气体浓度值，可远程无线在电脑上查看实时数据，具有实时报警功能、数据历史查询和存储功能、数据导出功能等。定点航线飞行检测气体浓度值，可设置不同浓度的报警值。

自动水质的采样，其采样方式为无人机搭载自动水样采集器，悬停在目标区域进行采样取水。系统主要用在江、河、湖，以及环境复杂、人员不易到达的危险地带，通过无人机搭载自动水质采样系统，实现全程全自动飞行及采样，并全程高清影像记录。

6.5　在水利相关领域中的应用

由于无人机航测具有高机动性、高分辨率等特点，所以其在水利行业中的应用具有得天独厚的优势，在防汛抗旱、水土保持监测、水域动态监测、水利工程建设与管理等相关业务领域中，无人机测绘技术都能发挥其巨大的作用。

1. 防汛抗旱

无人机测绘技术作为一种空间数据获取的重要手段，具有续航时间长、影像实时传输、高危地区探测、成本低、机动灵活等优点，是卫星遥感与有人机航空遥感的有力补充。无人机在日常防汛检查中，可克服交通等不利因素，快速赶到出险空域，立体地查看蓄滞洪区的地形、地貌和水库、堤防险工险段，根据机上所载装备数据，实时传递影像等信息，监视险情发展，为防洪决策提供准确的信息，同时最大限度地规避了风险。小型无人机携带非常方便，到达一定区域后将其放飞，人员可以在安全地域内操控其飞行，并进行相关信息的实时采集、监控，为防汛决策提供保障。

无人机防汛抗旱系统的应用，使相关的政府部门对应急突发事件的情况了解更加全面，对突发事件的反应更加迅速，相关人员之间的协调更加充分，决策更加有据。无人机的使用，还可以大大地降低工作人员的工作难度，在抗洪抢险中的人身安全也可以得到进一步的保障。在防汛抗旱领域，无人机能够保障政府和其他应急力量在洪涝灾害或旱情来临的时候，通过快速、及时、准确地收集到应急信息，以多种方式进行高效沟通，以提供科学的辅助决策信息。

2. 水土保持监测

我国是世界上水土流失最为严重的国家之一，由于特殊的自然地理和社会经济条件，水土流失已成为我国主要的环境问题。土壤侵蚀定量调查是水土保持研究的重要内容之一。在土壤侵蚀定量调查中，无人机可以发挥重要作用，其宏观、快速、动态和经济的特点，已成为土壤侵蚀调查的重要信息源；土壤侵蚀过程极其复杂，受多种自然因素和人为因素的综合影响。自然因子包括气候、植被（土地覆盖）、地形、地质和土壤等，人为因素包括土地利用、开矿和修路等。不同的土壤侵蚀类型的影响因子也不同，对于水蚀来说，参考通用土壤侵蚀方程各因子指标，并考虑遥感技术与常规方法相结合，一般选择降水、地形或坡度、沟谷密度、植被盖度、成土母质及侵蚀防治措施等作为土壤侵蚀估算的因子指标。同时，根据不同时期土壤侵蚀强度分级的分析对比，评价水保工程治理效果，指导今后水土保持规则和设计工作。

无人机可以在低空、低速情况下对研究区进行拍摄，航拍的照片真实、直观地反映了研究范围内水土流失状况、强度及分布情况。这对于利用 GIS 建立研究范围内水土流失本底数据库，确定土壤侵蚀类型、强度、程度，以及地形、植被、管理措施等土壤侵蚀因子的属性提供了数据源。无人机系统获取的遥感影像，能够帮助了解区域水土流失发展趋势、发生特点和现状，以便做好区域水土保持工作规划，加快水土流失治理。在水土保持监测领域，无人机能以较低的成本快速清查较大范围的水土流失状况、主要土壤侵蚀影响因子，为利用 GIS 分析研究范围内的水土流失奠定基础。

3. 水域动态监测

水资源是人民生活、生产不可缺少的重要资源，随着人口增加和工业发展，水资源供需矛盾日益突出，水资源的合理开发利用是当前急需解决的问题，而河流水系分布及流域面积的准确计算是开发利用的基础。目前，由于时间变迁和当时技术水平的限制，许多河流水系分布、流域面积等基础资料已不能准确反映当前状况。水域动态监测调查的目标是查清研究范围内的水域变化状况，掌握真实的水域基础数据，建立和完善水域调查、水域统计和水域占补平衡制度，实现水域资源信息的社会化服务，满足经济社会发展及水域资源管理的需要。

利用无人机低空遥感技术进行水资源调查，速度快，准确率高，可节省大量人力、物力、财力。同时，通过对水域利用状况和水域权属界线等进行全面的变更调查或更新调查，按照科学的技术流程，采用成熟的目视解译与计算机自动识别相结合的信息提取技术，进行内业数据采集和图形编辑，获取每一块水域动态监测的类型、面积、权属和分布信息，建立各级互联、自动交换、信息共享的"省、市、县"水域动态监测利用数据库和管理系统。利用无人机低空遥感信息，还可以监测河道变化、非法水域占用等情况，为预测河道发展趋势、水域占用执法等工作提供数据。无人机水域监测数据还可以应用到水利规划、航道开发等方面，具有十分可观的经济效益和显著的社会效益。

4. 水利工程建设与管理

在水利工程建设与管理方面涉及水利工程建设环境影响分析评价、大型水利工程的安全监测等，无人机低空遥感的快速实施、高分辨率数据等特点，使其在该领域也能发挥特殊的作用。水利工程环境影响遥感监测包括水利工程建设引起的土地植被或生态变化、淹没范围、库尾淤积、土地盐渍化等方面。利用无人机遥感的高分辨率、灵活机动等特征，可以为工程生态环境提供宏观的科学数据和决策依据，同时利用空间信息技术手段，应用无人机的高空间分辨率遥感影像及高精度 GNSS 相结合的方法，还可以进行大型水库和堤坝工程的建设施工监测工作。

参 考 文 献

[1]李德仁，王树根，周月琴. 摄影测量与遥感概论[M]. 北京：测绘出版社，2007.

[2]段延松. 无人机测绘生产[M]. 武汉：武汉大学出版社，2018.

[3]邹晓军. 摄影测量与遥感[M]. 北京：测绘出版社，2010.

[4]万刚，余旭初，布树辉，等. 无人机测绘技术与应用[M]. 北京：测绘出版社，2015.

[5]王树根. 摄影测量原理与应用[M]. 武汉：武汉大学出版社，2008.

[6]段延松，曹辉，王玥. 航空摄影测量内业[M]. 武汉：武汉大学出版社，2017.

[7]吴献文. 无人机测绘技术基础[M]. 北京：北京交通大学出版社，2019.

[8]刘含海. 无人机航测技术与应用[M]. 北京：机械工业出版社，2020.

[9]王佩军，徐亚明. 摄影测量学[M]. 武汉：武汉大学出版社，2016.

[10]王晏民，黄明，王国利，等. 地面激光雷达与摄影测量三维重建[M]. 北京：科学出版社，2018.

[11]徐芳，邓非. 数字摄影测量学基础[M]. 武汉：武汉大学出版社，2017.

[12]韩玲，李斌，顾俊凯，等. 航空与航天摄影技术[M]. 武汉：武汉大学出版社，2008.

[13]郭学林. 航空摄影测量外业[M]. 郑州：黄河水利出版社，2011.

[14]张剑清. 摄影测量学[M]. 武汉：武汉大学出版社，2009.